대한민국 법령 시리즈 65

해외건설 촉진법

법령
시행령
시행규칙

해광출판사

머리말

이 책은 방대한 법전을 보지 않고 간편하게 해당되는 법령만 참고해서 볼 수 있도록 하였습니다. 공공기관이나 관련 종사자들이 쉽고 간편하게 해당 법령을 참조 할 수 있도록 하였습니다.

특히 해당법률은 물론 관련 시행령, 시행규칙을 함께 실어 관련법을 서로 참고할 수 있게 하였습니다.

법률이라는 것이 크든 작든 항상 변하는 관계로, 출간 이후의 정확하고 최신의 법률은 법제처 국가법령정보센터에서 확인이 가능하니 법률의 실제 적용 시 확인이 필요한 점 유의하기를 바랍니다.

편집부

* 수록 법률은 법제처 국가법령정보센터에서 확인 가능합니다.
* 발행일 기준 시행 법률이므로 최신 법령은 위 센터에서 볼 수 있습니다.
* 본 책자에 수록된 법률의 문구에 대하여 법적인 효력은 없으며,
  실제 적용 법률은 위 센터에서 최신의 법률로 확인하시기 바랍니다.
* 해당 법령과 함께 시행령, 시행규칙도 수록되어 있습니다.
* 발행일 기준으로 개정 예정 법률은 밑줄로 별도 표시되어 있으며,
  보다 정확한 것은 법제처에서 확인하기 바랍니다.

목차

해외건설 촉진법

[시행 2023. 8. 16.] [법률 제19689호, 2023. 8. 16., 일부개정]

**개정 예정 법률 밑줄 별도 표시.

해외건설 촉진법

[시행 2023. 8. 16.] [법률 제19689호, 2023. 8. 16., 일부개정]

제1장 총칙 〈개정 2011. 8. 4.〉

제1조(목적) 이 법은 해외건설업의 신고와 해외공사에 대한 지원 등 해외건설을 촉진하는 데에 필요한 사항을 정함으로써 해외건설업의 진흥과 국제수지의 향상에 이바지함을 목적으로 한다.

[전문개정 2011. 8. 4.]

제2조(정의) 이 법에서 사용하는 용어의 뜻은 다음과 같다. 〈개정 2015. 8. 11., 2017. 10. 24., 2019. 4. 30.〉

1. "해외공사"란 해외건설공사, 해외건설 엔지니어링활동 및 해외인프라・도시개발사업을 말한다.

2. "해외건설공사"란 해외에서 시행되는 토목공사・건축공사・산업설비공사・조경공사와 전기공사・정보통신공사 또는 그 밖에 이와 유사한 것으로서 대통령령으로 정하는 공사를 말한다.

3. "해외건설 엔지니어링활동"이란 해외건설공사에 관한 기획・타당성조사・설계・분석・구매・조달(調達)・시험・감리・시운전(試運轉)・평가・자문・지도 또는 그 밖에 이와 유사한 것으로서 대통령령으로 정하는 활동을 말한다.

3의2. "해외인프라・도시개발사업"이란 해외에서 시행되는 다음 각 목의 사업을 말한다.

가. 「사회기반시설에 대한 민간투자법」 제2조제1호의 사회기반시설 개발, 「도시개발법」 제2조제1항제2호의 도시개발사업

나. 그 밖에 가목과 관련된 사업으로 국토교통부장관이 정하는 사업

4. "해외건설업"이란 해외건설공사나 해외건설 엔지니어링활동을 수행하는 사업을 말한다.

5. "해외건설사업자"란 해외건설업의 신고를 하고, 직접 또는 현지법인을 통하여 해외건설업을 영위하는 개인 또는 법인을 말한다.

6. "현지법인"이란 해외건설사업자가 해외건설업을 영위하기 위하여 「외국환거래법」 제3조제18호에 따른 해외직접투자를 한 법인을 말한다.

7. "해외파견 건설근로자"란 「건설근로자의 고용개선 등에 관한 법률」 제2조에 따른 건설근로자로서 해외건설사업자가 해외건설공사에 근로시키기 위하여 파견하는 자를 말한다.

[전문개정 2011. 8. 4.]

제3조(다른 법률과의 관계) ①해외건설업에 관하여 이 법에서 규정한 사항을 제외하고는 「건설산업기본법」을 적용한다. 다만, 전기공사에 관하여는 「전기공사업법」을 적용하고, 정보통신공사에 관하여는 「정보통신공사업법」을 적용한다. 〈개정 2015. 8. 11.〉

② 제6조에 따른 신고를 한 자가 그 해외건설업을 수행하기 위하여 「외국환거래법」의 적용을 받는 행위 등을 하고자 하는 경우에는 「외국환거래법」에 따른다. 〈신설 2015. 8. 11.〉

③ 제19조제3항에 따른 해외건설집합투자기구 및 해외건설집합투자기구의 집합투자업자·신탁업자 및 일반사무관리회사는 이 법에서 특별히 정하는 경우를 제외하고는 「자본시장과 금융투자업에 관한 법률」의 적용을 받는다. 다만, 「자본시장과 금융투자업에 관한 법률」 제249조의13제1항은 해외건설 기관전용 사모집합투자기구에 적용하지 아니한다. 〈신설 2015. 8. 11., 2021. 4. 20.〉

④ 제19조제1항에 따른 해외건설투자회사 및 같은 조 제2항에 따른 해외건설 기관전용 사모집합투자기구가 「독점규제 및 공정거래에 관한 법률」 제2조제7호에 따른 지주회사에 해당하는 때에는 같은 법 제18조제2항제2호를 적용하지 아니한다. 〈신설 2015. 8. 11., 2020. 12. 29., 2021. 4. 20.〉

[전문개정 2011. 8. 4.]

제4조(해외건설사업자에 대한 지원) 해외건설사업자에 대한 정부의 지원에 관하여는 해외건설사업자를 「대외무역법」, 「신용보증기금법」 등 관계 법률의 규정에 따른 무역거래자로 본다. 〈개정 2019. 4. 30.〉

[전문개정 2011. 8. 4.]

[제목개정 2019. 4. 30.]

제5조(해외건설진흥기본계획 등의 수립) ①국토교통부장관은 해외건설시장의 동향과 해외건설정책에 관한 해외건설사업자의 의견을 조사하여 장기 해외건설진흥기본계획 및 연도별 해외건설추진계획을 수립하여야 한다. 〈개정 2012. 1. 17., 2013. 3. 23., 2019. 4. 30.〉

② 국토교통부장관은 해외건설산업 진흥을 위하여 필요한 경우 산업설비, 엔지니어링, 도시개발, 교통 관련 사회기반시설, 물 관련 건

설·엔지니어링 등 해외건설 각 분야별 진흥계획을 수립할 수 있다. 〈신설 2012. 1. 17., 2013. 3. 23.〉

[전문개정 2011. 8. 4.]

[제목개정 2012. 1. 17.]

제2장 해외건설업의 신고 〈개정 2011. 8. 4.〉

제6조(해외건설업의 신고) ① 해외건설업을 영위하려는 자는 대통령령으로 정하는 영업의 종류별로 국토교통부장관에게 신고하여야 한다. 신고사항 중 대통령령으로 정하는 사항을 변경한 경우에도 또한 같다. 〈개정 2011. 8. 4., 2013. 3. 23.〉

② 제1항에 따른 해외건설업의 신고를 할 수 있는 자는 다음 각 호와 같다. 〈개정 2011. 8. 4., 2019. 4. 30.〉

1. 「건설산업기본법」에 따라 건설업의 등록을 한 자
2. 「전기공사업법」에 따라 공사업(工事業)의 등록을 한 자
3. 「정보통신공사업법」에 따라 정보통신공사업의 등록을 한 자
4. 「엔지니어링산업 진흥법」에 따라 엔지니어링사업자로 신고한 자
5. 「건축사법」에 따라 건축사사무소개설신고를 한 자
6. 「기술사법」에 따라 건설 분야의 기술사사무소 등록을 한 자
7. 「환경기술 및 환경산업 지원법」에 따라 환경전문공사업의 등록을 한 자
8. 해외공사의 수주(공사의 시공은 제외한다) 업무를 수행하기 위하여 해외건설사업자가 공동으로 출자하여 설립한 법인

9. 무역업자, 그 밖에 제1호부터 제7호까지의 규정에 따른 사업과 유사한 사업을 하는 자로서 대통령령으로 정하는 자

③ 제2항에 규정된 자가 신고할 수 있는 영업의 종류는 대통령령으로 정한다. 〈개정 2011. 8. 4.〉

④ 국토교통부장관은 제1항에 따라 신고를 한 자에게 해외건설업 신고확인증을 발급하여야 한다. 〈개정 2011. 8. 4., 2013. 3. 23.〉

⑤ 삭제 〈1999. 2. 8.〉

⑥ 「공공기관의 운영에 관한 법률」에 따른 공공기관으로서 대통령령으로 정하는 공공기관(이하 "공공기관"이라 한다) 및 「지방공기업법」에 따른 지방공기업으로서 대통령령으로 정하는 지방공기업(이하 이 항에서 "지방공기업"이라 한다)은 제1항에도 불구하고 신고를 하지 아니하고 해외건설업을 할 수 있다. 이 경우 공공기관 및 지방공기업은 이 법을 적용할 때에 해외건설사업자로 본다. 〈개정 2011. 8. 4., 2019. 4. 30.〉

⑦ 제1항에 따른 신고의 내용 및 절차 등에 관하여 필요한 사항은 대통령령으로 정한다. 〈개정 2011. 8. 4.〉

[제목개정 2011. 8. 4.]

제7조 삭제 〈1999. 2. 8.〉

제8조 삭제 〈1999. 2. 8.〉

제9조 삭제 〈1999. 2. 8.〉

제3장 현지법인 설립 등의 신고 및 통보 〈개정 2011. 8. 4., 2019. 4. 30.〉

제10조(현지법인 설립 등의 신고) 해외건설사업자는 해외건설업을 영위하기 위하여 현지법인을 설립하거나 인수하는 경우에는 대통령령으로 정하는 바에 따라 그 현황을 국토교통부장관 또는 재외공관의 장에게 신고하여야 한다. 이 경우 신고를 받은 재외공관의 장은 지체 없이 국토교통부장관에게 그 내용을 통보하여야 한다. 〈개정 2013. 3. 23., 2019. 4. 30.〉

[전문개정 2011. 8. 4.]

제11조 삭제 〈1999. 2. 8.〉

제12조 삭제 〈1999. 2. 8.〉

제13조(해외공사 상황의 통보) 해외건설사업자는 해외공사를 수행하는 경우에는 그 수주활동 및 시공 상황에 관하여 대통령령으로 정하는 바에 따라 국토교통부장관에게 통보하여야 한다. 〈개정 2013. 3. 23., 2019. 4. 30.〉

[전문개정 2011. 8. 4.]

[제목개정 2019. 4. 30.]

제4장 해외공사의 지원 등 〈개정 2011. 8. 4.〉

제14조 삭제 〈1999. 2. 5.〉

제15조 삭제 〈1999. 2. 5.〉

제15조의2(해외 중소건설사업자 지원) ① 국토교통부장관은 해외건설시장을 개척하려는 중소건설사업자를 육성하기 위하여 필요한 경우에는 다음 각 호의 사항을 지원할 수 있다. 〈개정 2013. 3. 23., 2019. 4. 30.〉

1. 해외 진출 관련 정보제공

2. 해외 수주에 관한 상담 및 지도

3. 해외건설 교육훈련

4. 그 밖에 중소건설사업자의 해외건설시장 개척을 위하여 필요하다고 인정하는 사항으로서 대통령령으로 정하는 사항

② 국토교통부장관은 제1항에 따른 업무를 수행하기 위하여 중소기업 수주지원센터를 설치·운영할 수 있다. 〈개정 2013. 3. 23.〉

③ 제2항에 따른 중소기업 수주지원센터의 설치·운영에 필요한 사항은 국토교통부장관이 정한다. 〈개정 2013. 3. 23.〉

④ 국토교통부장관은 제2항에 따른 중소기업 수주지원센터의 운영을 대통령령으로 정하는 기관 또는 단체에 위탁할 수 있다. 이 경우 국토교통부장관은 필요한 행정적·재정적 지원을 할 수 있다. 〈개정 2013. 3. 23.〉

[전문개정 2011. 8. 4.]

[제목개정 2019. 4. 30.]

제15조의3 삭제 〈2017. 10. 24.〉

제15조의4(해외건설 정책 및 연구개발 등 지원) ① 국토교통부장관은 해외건설의 진흥을 위하여 다음 각 호의 사항을 지원할 수 있다.

1. 해외건설시장 동향 조사·분석 및 시장 전망

2. 주요 국가 해외건설 제도·정책 동향 조사·분석

3. 해외건설 진흥을 위한 국제협력의 추진

4. 해외건설 진흥을 위한 정책개발 및 제도개선 지원

5. 해외건설 시장개척을 위한 연구·조사사업

6. 해외건설 진출에 따른 사업성 분석 및 리스크 관리 컨설팅

7. 그 밖에 해외건설 진흥을 위하여 대통령령으로 정하는 사항

② 국토교통부장관은 제1항 각 호의 업무를 수행하기 위하여 해외건설정책지원센터를 설치·운영할 수 있다. 이 경우 국토교통부장관은 업무의 효율적 집행을 위하여 제15조의2에 따른 중소기업 수주지원센터의 업무와 상호 연계·통합될 수 있도록 하여야 한다. 〈개정 2017. 10. 24.〉

③ 해외건설정책지원센터의 설치·운영 및 그 밖에 필요한 사항은 국토교통부장관이 정한다.

④ 국토교통부장관은 해외건설정책지원센터의 운영을 대통령령으로 정하는 기관 또는 단체에 위탁할 수 있다. 이 경우 국토교통부장관은 필요한 행정적·재정적 지원을 할 수 있다.

[본조신설 2013. 8. 13.]

제15조의5(해외공사 관련 국제협력 지원 등) 국토교통부장관은 해외건설업을 촉진하기 위하여 필요한 경우에는 집행계획과 지급기준, 공고절차 등에 관한 것으로서 대통령령으로 정하는 바에 따라 다음 각 호의 어느 하나에 해당하는 비용을 지원할 수 있다.

1. 해외공사에 따른 외국과의 국제협력 및 기술교류에 소요되는 비용

2. 투자가 수반되는 해외공사의 타당성조사에 소요되는 비용

3. 그 밖에 해외공사정보 수집·분석 등 해외건설업의 촉진을 위하여 필요한 비용으로서 대통령령으로 정하는 비용

[본조신설 2015. 8. 11.]

제15조의6(금융자문) 해외건설업의 원활한 추진을 위하여 해외건설사업자, 제19조제1항 및 제2항에 따른 해외건설집합투자기구는 「금융산업의 구조개선에 관한 법률」 제2조제1호에 따른 금융기관으로부터 해외건설과 관련하여 필요한 금융업무에 대한 금융자문, 금융주선 또는 집합투자기구 설립 업무에 대한 자문 등을 받을 수 있다. 〈개정 2019. 4. 30.〉

[본조신설 2015. 8. 11.]

제15조의7(정보체계의 구축 등) ① 국토교통부장관은 해외공사에 대한 전략적 지원을 위하여 다음 각 호의 정보를 관리할 수 있는 정보체계를 구축·운영할 수 있다. 〈개정 2019. 4. 30.〉

1. 해외건설사업자에 대한 지원에 관한 사항
2. 해외공사 관련 현지 정보 및 자료
3. 해외공사 관련 외국과의 국제협력 및 기술교류
4. 해외공사 관련 인력 육성·관리
5. 그 밖에 국토교통부장관이 해외건설사업자의 해외진출 확대를 위하여 필요하다고 인정한 정보로서 대통령령으로 정한 정보 및 자료

② 국토교통부장관은 제1항에 따른 정보체계를 구축·운영하기 위하여 필요한 사항에 대하여 중앙행정기관, 지방자치단체, 공공기관 및 관련 협회·단체 등(이하 "중앙행정기관등"이라 한다)에 자료를 요청할 수 있다. 이 경우 요청을 받은 중앙행정기관의 장 등은 특별한 사유가 없으면 그 요청에 따라야 한다.

③ 중앙행정기관등은 해외공사를 수행하는 자를 지원하기 위하여

제1항에 따른 정보체계를 활용할 수 있다.

④ 제1항부터 제3항까지의 정보체계 구축·운영 등에 필요한 사항은 대통령령으로 정한다.

[본조신설 2017. 10. 24.]

제16조(우수 해외건설사업자 지정 등) ① 국토교통부장관은 다음 각 호의 어느 하나에 해당하는 해외건설사업자를 우수 해외건설사업자(이하 "우수사업자"라 한다)로 지정할 수 있다. 〈개정 2013. 3. 23., 2019. 4. 30.〉

1. 해외시장을 개척하거나 해외건설 수주 실적 등이 우수한 해외건설사업자

2. 해외시장에 진출하려는 우수 중소건설사업자

② 국토교통부장관은 새로운 해외건설시장의 개척이 필요하다고 인정하는 경우에는 그 시장을 지정하여 해외건설사업자로 하여금 개척하도록 권고할 수 있다. 〈개정 2013. 3. 23., 2019. 4. 30.〉

③ 우수사업자의 선정 기준 및 절차 등에 관하여 필요한 사항은 대통령령으로 정한다. 〈개정 2019. 4. 30.〉

④ 우수사업자 또는 제2항에 따라 새로운 해외건설시장을 개척하는 해외건설사업자에게는 필요한 지원을 할 수 있다. 〈개정 2019. 4. 30.〉

[전문개정 2011. 8. 4.]

[제목개정 2019. 4. 30.]

제17조(합작 수주·시공의 권고 등) ① 국토교통부장관은 해외건설사업자의 국제경쟁력 강화와 대규모 공사의 수주 및 시공을 위하여

필요하다고 인정하는 경우에는 해외건설사업자 2인 이상의 합작 수주 및 시공을 권고할 수 있다. 〈개정 2013. 3. 23., 2019. 4. 30.〉

② 제1항에 따른 합작 수주 및 시공을 하는 해외건설사업자에게는 제16조제4항에 준하여 지원할 수 있다. 〈개정 2019. 4. 30.〉

[전문개정 2011. 8. 4.]

제17조의2(공공기관의 해외공사 투자) ① 제6조제6항에 따라 해외건설사업자로 인정되는 공공기관은 해외건설의 활성화를 위하여 다음 각 호의 어느 하나에 해당하는 투자를 목적으로 하는 제19조제3항에 따른 해외건설집합투자기구에 출자하거나 투자할 수 있다. 이 경우 공공기관의 출자 또는 투자 규모의 최대한도에 관한 사항은 대통령령으로 정한다. 〈개정 2015. 8. 11., 2019. 4. 30.〉

1. 사회기반시설(「사회기반시설에 대한 민간투자법」 제2조제1호에 따른 사회기반시설을 말한다. 이하 이 조에서 같다)의 신설·증설·개량 또는 운영에 관한 해외공사에 대한 투자

2. 사회기반시설에 준하는 시설의 건설사업(「사회기반시설에 대한 민간투자법」 제21조제1항 각 호의 사업을 말한다)인 해외공사에 대한 투자

3. 제1호 및 제2호에 따라 해당 건설사업에 참여한 사회기반시설을 운영하는 법인의 지분 인수

② 공공기관이 제1항에 따라 출자하거나 투자하려는 경우에는 미리 해당 공공기관의 업무를 관장하는 중앙행정기관의 장에게 보고하여야 한다.

③ 정부는 제1항에 따른 공공기관의 출자 또는 투자를 촉진하고

대상 사업을 발굴하기 위하여 필요한 지원을 할 수 있다.

④ 삭제 〈2012. 1. 17.〉

[전문개정 2011. 8. 4.]

제17조의3(해외건설진흥위원회) ① 국토교통부장관은 해외건설 진흥을 위한 다음 각 호의 사항을 심의하기 위하여 해외건설진흥위원회를 설치·운영할 수 있다. 〈개정 2013. 3. 23., 2019. 4. 30.〉

1. 제5조에 따른 장기 해외건설진흥기본계획, 연도별 해외건설추진계획 및 각 분야별 진흥계획의 수립

2. 제6조제6항에 따라 해외건설사업자로 인정되는 공공기관의 해외건설시장 진출 전략 및 사업계획

3. 제17조의2제1항에 따른 공공기관의 출자 또는 투자와 같은 조 제3항에 따른 사업 발굴을 위하여 필요한 지원

4. 그 밖에 해외건설에 관한 중요 정책으로 대통령령으로 정하는 사항

② 해외건설진흥위원회의 구성·운영 등에 관하여 필요한 사항은 대통령령으로 정한다.

[본조신설 2012. 1. 17.]

제18조(기술개발) ① 국토교통부장관은 대통령령으로 정하는 바에 따라 일정 금액 이상의 해외공사를 수주한 해외건설사업자에게 그 수주액의 일부를 건설기술의 선진화를 위한 기술개발에 투자하도록 권고할 수 있다. 〈개정 2013. 3. 23., 2019. 4. 30.〉

② 제1항에 따라 기술개발에 투자하는 해외건설사업자에게는 제16조제4항에 준하여 지원할 수 있다. 〈개정 2019. 4. 30.〉

[전문개정 2011. 8. 4.]

제18조의2(해외건설전문인력의 육성 및 관리) ① 국토교통부장관은 해외건설 분야의 전문적인 기술 또는 기능을 보유한 인력(이하 "해외건설전문인력"이라 한다)의 육성 및 관리 등을 위하여 해외건설전문인력의 육성 및 관리 등에 관한 시책을 수립·추진할 수 있다. 〈개정 2013. 3. 23.〉

② 국토교통부장관이 제1항에 따라 수립하는 시책에는 다음 각 호의 사항을 포함할 수 있다. 〈개정 2013. 3. 23.〉

1. 해외건설전문인력의 수급(需給) 및 활용에 관한 사항

2. 해외건설전문인력의 육성 및 교육훈련에 관한 사항

3. 해외건설전문인력의 경력 관리와 경력 인증에 관한 사항

4. 그 밖에 해외건설전문인력의 육성 및 관리에 필요한 사항으로서 대통령령으로 정하는 사항

③ 국토교통부장관은 해외건설전문인력의 육성 및 관리 등에 관한 시책을 추진하는 데에 필요한 경우에는 건설전문인력의 육성 및 관리 업무를 수행하는 관계 단체·협회·공제조합 및 건설사업자를 지원할 수 있다. 〈개정 2013. 3. 23., 2019. 4. 30.〉

④ 제1항부터 제3항까지의 규정에 따른 해외건설전문인력의 육성 및 관리와 지원 등에 필요한 사항은 대통령령으로 정한다.

⑤ 국토교통부장관은 대통령령으로 정하는 바에 따라 관련 중앙행정기관의 장, 「건설산업기본법」 제87조에 따른 건설근로자 퇴직공제제도 운영기관과 건설전문인력의 육성 및 관리 업무를 수행하는 관계 단체·협회·공제조합 및 건설사업자 등에게 해외건설전문인력의

육성 및 관리 등에 필요한 자료를 요청할 수 있다. 이 경우 요청을 받은 자는 특별한 사유가 없으면 이에 따라야 한다. 〈개정 2013. 3. 23., 2019. 4. 30.〉

[전문개정 2011. 8. 4.]

제18조의3(응급의료시설의 설치 등) ① 해외건설사업자는 해외건설 수주신고액 등을 고려하여 대통령령으로 정하는 규모 이상의 해외건설공사가 시행되는 현장에 해외파견 건설근로자가 질병에 걸리거나 부상을 입은 경우 적절한 치료를 받을 수 있도록 응급의료시설과 의료진을 갖추어야 한다. 다만, 현장으로부터 대통령령으로 정하는 거리 이내의 지역에 의료시설이 소재하고 있는 경우에는 그러하지 아니하다. 〈개정 2019. 4. 30.〉

② 제1항에 따른 응급의료시설의 설치기준·의료진의 구성 및 자격 등에 필요한 사항은 대통령령으로 정한다.

[본조신설 2015. 8. 11.]

제5장 해외건설집합투자기구 〈신설 2015. 8. 11.〉

제19조(해외건설집합투자기구의 설립목적 등) ① 제19조의6에 따른 방법으로 해외공사에 자산을 투자하여 그 수익을 주주에게 배분하는 것을 목적으로 하는 해외건설투자회사(이하 "해외건설투자회사"라 한다)를 설립하거나 그 수익을 수익자에게 배분하는 것을 목적으로 하는 해외건설투자신탁(이하 "해외건설투자신탁"이라 한다)을 설정할 수 있다.

② 제19조의6에 따른 방법으로 해외공사에 자산을 투자하여 그

수익을 사원에게 배분하는 것을 목적으로 하는 기관전용 사모집합투자기구(이하 “해외건설 기관전용 사모집합투자기구”라 한다)를 설립할 수 있다. 〈개정 2021. 4. 20.〉

③ 해외건설투자회사, 해외건설 기관전용 사모집합투자기구 및 해외건설투자신탁(이하 “해외건설집합투자기구”라 한다)은 각각 「자본시장과 금융투자업에 관한 법률」에 따른 투자회사, 기관전용 사모집합투자기구 및 투자신탁으로 본다. 〈개정 2021. 4. 20.〉

④ 해외건설투자회사 및 해외건설투자신탁은 「자본시장과 금융투자업에 관한 법률」 제230조제1항에 따른 환매금지형집합투자기구로 하여야 한다.

[본조신설 2015. 8. 11.]

제19조의2(해외건설집합투자기구의 등록 등에 관한 협의) ① 금융위원회는 해외건설집합투자기구의 「자본시장과 금융투자업에 관한 법률」 제182조, 제249조의6 또는 제249조의10에 따른 등록 또는 보고에 관하여 미리 국토교통부장관과 협의하여야 한다.

② 해외건설집합투자기구는 영업보고서의 작성 및 제출 등 대통령령으로 정하는 바에 따라 그 재산에 관한 영업보고서를 국토교통부장관과 금융위원회에 제출하여야 한다.

[본조신설 2015. 8. 11.]

제19조의3(존립기간) ① 해외건설집합투자기구의 존립기간은 「자본시장과 금융투자업에 관한 법률」 제182조, 제249조의6 또는 제249조의10에 따라 해외건설집합투자기구로 등록 또는 보고된 날부터 30년 이내에서 해외건설집합투자기구의 신탁계약 또는 정관으로 정

한다. 다만, 해외건설집합투자기구는 해외건설업의 계속 등으로 존립기간의 연장이 필요한 경우에는 금융위원회의 승인을 받아 당초 존립기간 만료일부터 기산하여 30년 이내에서 존립기간을 한 차례만 연장할 수 있다.

② 금융위원회는 제1항 단서에 따라 존립기간의 연장을 승인하는 경우 미리 국토교통부장관과 협의하여야 한다.

[본조신설 2015. 8. 11.]

제19조의4(해외건설집합투자기구에 대한 감독·검사 등) ① 국토교통부장관 및 금융위원회는 다음 각 호의 자에게 해외건설집합투자기구의 업무와 재산에 관한 자료의 제출이나 보고를 요구할 수 있다. 〈개정 2021. 4. 20.〉

1. 해외건설투자회사 및 해외건설투자신탁

2. 해외건설투자회사 및 해외건설투자신탁의 집합투자업자·신탁업자 및 일반사무관리회사

3. 해외건설 기관전용 사모집합투자기구

② 국토교통부장관은 필요한 경우 금융위원회에 제1항 각 호의 자의 업무와 재산(제1항제2호의 경우에는 해외건설투자회사 및 해외건설투자신탁과 관련된 업무와 재산에 한정한다. 이하 이 항에서 같다)에 관한 검사를 요청할 수 있다. 금융위원회는 금융감독과 관련하여 필요하다고 인정하는 때에는 그 소속 직원 또는 「금융위원회의 설치 등에 관한 법률」 제24조에 따른 금융감독원의 원장으로 하여금 해외건설집합투자기구 및 해당 해외건설집합투자기구의 집합투자업자·신탁업자 및 일반사무관리회사의 업무를 검사하게 할 수 있다.

③ 금융위원회는 제2항에 따른 검사 결과를 국토교통부장관에게 지체 없이 알려야 한다.

[본조신설 2015. 8. 11.]

제19조의5(집합투자업에 대한 특례 등) ① 해외건설투자회사 또는 해외건설투자신탁의 자산만을 운용하기 위하여 「자본시장과 금융투자업에 관한 법률」에 따른 집합투자업 인가를 받고자 하는 자(이하 이 조에서 “전문집합투자업자”라 한다)는 같은 법 제12조제2항제2호에도 불구하고 자본금 요건을 10억원 이상으로 하며, 같은 법 제12조제2항제4호에도 불구하고 자격요건 등 대통령령으로 정하는 해외건설업에 관한 투자운용인력을 확보하여야 한다.

② 「자본시장과 금융투자업에 관한 법률」에 따라 설립된 집합투자업자(이하 이 조에서 “일반집합투자업자”라 한다)는 해외건설투자회사 또는 해외건설투자신탁의 자산을 운용할 수 있다. 이 경우 일반집합투자업자는 「자본시장과 금융투자업에 관한 법률」 제12조제2항제4호에 따른 투자운용인력 외에 대통령령으로 정하는 해외건설업에 관한 투자운용인력을 추가로 확보하여야 한다.

③ 일반집합투자업자는 「자본시장과 금융투자업에 관한 법률」 제42조제4항에도 불구하고 투자대상자산의 매입, 운영, 관리 및 매각 등과 관련한 업무로서 대통령령으로 정하는 바에 따라 해외건설투자회사 또는 해외건설투자신탁의 투자자와 이해가 상충되지 아니하는 범위에서 해외건설업에 관한 해외건설투자회사 또는 해외건설투자신탁의 자산운용업무 중 일부를 해외건설업에 전문성이 있는 자에게 위탁계약을 체결하고 위탁할 수 있다.

④ 전문집합투자업자 및 일반집합투자업자는 해외건설투자회사 및 해외건설투자신탁의 자산을 운용하는 경우 운용보수의 산정 방식 등 대통령령으로 정하는 바에 따라 운용실적에 따른 보수나 수수료를 받을 수 있다.

[본조신설 2015. 8. 11.]

제19조의6(자산운용의 범위) ① 해외건설투자신탁의 집합투자업자 또는 해외건설투자회사 및 해외건설 기관전용 사모집합투자기구는 투자신탁 자산총액 또는 자본금의 100분의 50을 초과하는 금액을 다음 각 호에 사용하여야 한다. 〈개정 2021. 4. 20.〉

1. 해외건설업의 시행을 목적으로 하는 법인의 주식, 지분 및 채권의 취득

2. 해외건설업의 시행을 목적으로 하는 법인에 대한 금전의 대여 또는 대출채권의 취득

3. 하나의 해외건설업의 시행을 목적으로 하는 법인에 대하여 제1호 또는 제2호의 방식으로 투자하는 것을 목적으로 하는 법인(해외건설투자회사 및 해외건설 기관전용 사모집합투자기구는 제외한다)에 대한 제1호 또는 제2호의 방식에 따른 투자

4. 그 밖에 금융위원회가 제1호부터 제3호까지의 목적을 달성하기 위하여 필요한 것으로 승인한 투자

② 해외건설 기관전용 사모집합투자기구는 사원이 출자한 날부터 6개월 이상의 기간으로서 대통령령으로 정하는 기간 이내에 자본금의 100분의 10 이상으로서 대통령령으로 정하는 비율 이상의 금액을 제1항 각 호에 사용하여야 한다. 〈개정 2021. 4. 20.〉

③ 해외건설집합투자기구는 제1항 각 호의 업무를 영위하기 위하여 필요한 때에는 그 자산을 담보로 제공하거나 보증할 수 있다.

④ 해외건설집합투자기구는 여유자금을 다음 각 호의 방법으로 운용할 수 있다.

1. 금융기관에의 예치
2. 국채 · 공채의 매입
3. 여유자금의 100분의 30을 초과하지 아니하는 범위에서 대통령령으로 정하는 한도에 따른 국채 · 공채와 동일한 신용등급의 채권 및 기업어음의 매입

[본조신설 2015. 8. 11.]

제19조의7(자금의 차입) ① 해외건설투자회사 또는 해외건설투자신탁은 운용자금이나 투자목적자금의 조달 등을 위하여 자본금 또는 수익증권 총액의 100분의 30을 초과하지 아니하는 범위에서 대통령령으로 정하는 비율을 한도로 자금을 차입할 수 있다. 다만, 해외건설투자회사 또는 해외건설투자신탁이 운용자금의 조달을 위하여 차입하는 때에는 주주총회 또는 수익자총회의 승인을 받아야 한다.

② 해외건설 기관전용 사모집합투자기구는 운용자금이나 투자목적자금의 조달 등을 위하여 자본금 또는 수익증권 총액의 100분의 30을 초과하지 아니하는 범위에서 대통령령으로 정하는 비율을 한도로 차입할 수 있다. 〈개정 2021. 4. 20.〉

[본조신설 2015. 8. 11.]

제20조 삭제 〈1999. 2. 8.〉

제21조 삭제 〈1999. 2. 8.〉

제22조 삭제 〈1999. 2. 8.〉

제6장 해외건설협회 〈개정 2011. 8. 4.〉

제23조(해외건설협회의 설립 등) ① 해외건설사업자는 그 권익 보호와 해외건설업의 건전한 발전 및 해외공사의 효율적인 수행을 위하여 국토교통부장관의 인가를 받아 해외건설협회(이하 "협회"라 한다)를 설립할 수 있다. 〈개정 2013. 3. 23., 2019. 4. 30.〉

② 협회는 법인으로 한다.

③ 협회는 그 주된 사무소의 소재지에서 설립등기를 함으로써 성립한다.

④ 해외건설업의 신고를 한 자는 협회에 가입할 수 있다.

[전문개정 2011. 8. 4.]

제23조의2(협회의 설립인가 등) ① 협회를 설립하려면 협회의 회원이 될 자격이 있는 자의 5분의 1 이상이 발기(發起)하고, 협회의 회원이 될 자격이 있는 자의 3분의 1 이상의 동의를 받아 창립총회에서 정관을 작성한 후 국토교통부장관에게 인가를 받아야 한다. 〈개정 2013. 3. 23.〉

② 국토교통부장관은 제1항에 따른 인가를 하였을 때에는 그 사실을 공고하여야 한다. 〈개정 2013. 3. 23.〉

[전문개정 2011. 8. 4.]

제24조(협회의 업무) 협회는 다음 각 호의 업무를 한다. 〈개정 2012. 1. 17., 2013. 3. 23.〉

1. 해외공사에 관한 자료 및 정보의 수집·분석

2. 해외건설 진흥을 위한 국제 민간협력의 추진

3. 해외건설업에 관련된 제도의 연구 및 개선 건의

4. 회원의 품위 유지

5. 해외건설업에 관련된 자에 대한 교육훈련 및 복지사업

6. 해외건설의 홍보 및 간행물의 발간

7. 해외공사 기자재의 공동구입과 융자·차관 및 보증의 알선

8. 해외공사에 대한 수주 질서의 유지를 위한 협의

9. 해외공사 수주를 위한 국내공사 실적확인 지원에 관한 업무

10. 국토교통부장관으로부터 위탁받은 업무

[전문개정 2011. 8. 4.]

第25조(총회) ① 협회에 총회를 둔다.

② 총회는 회원 전원으로 구성한다.

③ 총회의 운영·의결 등에 필요한 사항은 정관으로 정한다.

[전문개정 2011. 8. 4.]

第26조(협회의 임원 등) ① 협회에 회장 1명을 두되, 총회에서 선출하여 국토교통부장관의 승인을 받아야 한다. 〈개정 2013. 3. 23.〉

② 협회 임원의 수, 임기 및 선임방법과 그 밖에 필요한 사항은 대통령령으로 정한다.

[전문개정 2011. 8. 4.]

第27조(지도·감독) 국토교통부장관은 협회를 지도·감독하기 위하여 필요한 경우에는 그 업무에 관한 사항을 보고하게 하거나 자료의 제출 또는 그 밖에 필요한 사항을 명할 수 있다. 〈개정 2013. 3. 23., 2020. 6. 9.〉

[전문개정 2011. 8. 4.]

제28조(「민법」의 준용) 협회에 관하여는 이 법에서 규정한 사항을 제외하고는 「민법」 중 사단법인에 관한 규정을 준용한다.

[전문개정 2011. 8. 4.]

제7장 한국해외인프라·도시개발지원공사 〈신설 2017. 10. 24.〉

제28조의2(설립 등) ① 국토교통부장관은 해외인프라·도시개발사업을 지원하기 위하여 한국해외인프라·도시개발지원공사(이하 "지원공사"라 한다)를 설립할 수 있다.

② 지원공사는 법인으로 한다.

③ 지원공사에 관하여 이 법에서 규정한 것을 제외하고는 「상법」 중 주식회사에 관한 규정을 준용한다.

④ 정부는 지원공사의 해외인프라·도시개발사업 수행 등을 위하여 필요한 경우 행정적·재정적 지원을 할 수 있다.

[본조신설 2017. 10. 24.]

제28조의3(사무소) ① 지원공사의 주된 사무소의 소재지는 정관으로 정한다.

② 지원공사는 그 업무수행을 위하여 필요한 경우에는 정관으로 정하는 바에 따라 지사(支社) 또는 출장소를 둘 수 있다.

[본조신설 2017. 10. 24.]

제28조의4(자본금 등) ① 지원공사의 자본금은 2조원으로 한다. 〈개정 2023. 8. 16.〉

② 지원공사의 자본금은 다음 각 호의 자가 출자할 수 있다.

1. 정부

2. 공공기관

3. 「금융산업의 구조개선에 관한 법률」 제2조제1호에 따른 금융기관(이하 "금융기관"이라 한다)

4. 그 밖에 대통령령으로 정하는 자

③ 제2항에 따른 자본금의 납입과 관련된 사항은 대통령령으로 정한다.

[본조신설 2017. 10. 24.]

제28조의5(설립등기 및 정관) ① 지원공사는 정관으로 정하는 바에 따라 주된 사무소의 소재지에서 설립등기를 함으로써 성립한다.

② 지원공사의 설립등기 및 그 밖에 지원공사의 등기에 관하여 필요한 사항은 대통령령으로 정한다.

③ 지원공사의 정관에는 다음 각 호의 사항을 기재하여야 한다.

1. 목적

2. 명칭

3. 주된 사무소·지사 및 출장소에 관한 사항

4. 자본금에 관한 사항

5. 운영위원회에 관한 사항

6. 이사회에 관한 사항

7. 임원 및 직원에 관한 사항

8. 업무와 그 집행에 관한 사항

9. 예산과 회계에 관한 사항

10. 정관의 변경에 관한 사항

11. 그 밖에 국토교통부장관이 정하는 사항

④ 지원공사가 정관을 변경하려는 경우에는 미리 국토교통부장관의 인가를 받아야 한다.

[본조신설 2017. 10. 24.]

제28조의6(유사명칭의 사용 금지) 이 법에 따른 지원공사가 아닌 자는 한국해외인프라·도시개발지원공사 또는 이와 유사한 명칭을 사용하지 못한다.

[본조신설 2017. 10. 24.]

제28조의7(운영위원회) ① 지원공사에 운영위원회를 둔다.

② 운영위원회는 다음 각 호의 사항을 심의·의결한다.

1. 지원공사의 업무운영에 관한 기본방침과 업무계획의 수립 및 변경

2. 예산의 편성·변경 및 결산

3. 제28조의18에 따른 자금의 차입 또는 제28조의19에 따른 해외인프라·도시개발채권의 발행

4. 그 밖에 지원공사의 운영에 관한 사항으로서 정관으로 정하는 사항

[본조신설 2017. 10. 24.]

제28조의8(운영위원회의 구성) ① 제28조의7에 따른 운영위원회(이하 "운영위원회"라 한다)는 다음 각 호의 위원 7명으로 구성한다.

1. 지원공사의 사장

2. 국토교통부장관이 소속 공무원 중에서 지정하는 사람 1명

3. 기획재정부장관이 소속 공무원 중에서 지정하는 사람 1명

4. 대통령령으로 정하는 관련 부처의 장이 소속 공무원 중에서 지정하는 사람 1명

5. 해외건설에 관한 학식과 경험이 풍부한 사람으로서 국회의 소관 상임위원회가 추천하여 국토교통부장관이 위촉하는 사람 1명

6. 해외인프라·도시개발과 관련하여 학식과 경험이 풍부한 사람 중 다음 각 목의 어느 하나에 해당하는 사람으로서 지원공사의 사장이 추천하여 국토교통부장관이 위촉하는 사람 2명

가. 해외건설 또는 해외건설 엔지니어링과 관련된 업무에 5년 이상 종사한 경력을 가진 사람

나. 금융기관에서 해외건설금융업무에 10년 이상 종사한 경력을 가진 사람

다. 건축학, 토목공학, 조경학, 도시공학 등 해외건설과 관련된 분야를 전공한 대학의 전임 교원 이상인 사람

라. 변호사 또는 공인회계사의 자격이 있는 사람으로서 해외인프라·도시개발분야에 5년 이상 종사한 경력을 가진 사람

② 제1항제6호에 따른 위원의 자격에 관하여는 대통령령으르 정한다.

③ 제1항제5호 및 제6호에 따른 위원의 임기는 2년으로 하며, 연임할 수 있다.

[본조신설 2017. 10. 24.]

제28조의9(운영위원회의 운영) ① 운영위원회의 위원장은 지원공사의 사장이 된다.

② 위원장은 운영위원회를 대표하고, 운영위원회의 업무를 총괄한다.

③ 위원장이 부득이한 사유로 직무를 수행할 수 없을 때에는 운영위원회가 미리 정한 위원이 그 직무를 대행한다.

④ 운영위원회의 회의는 정관으로 정하는 바에 따라 위원장이 필요하다고 인정하거나 재적위원 3분의 1 이상의 요구가 있는 경우에 위원장이 소집한다.

⑤ 운영위원회는 재적위원 과반수의 출석으로 개의하고 출석위원 과반수의 찬성으로 의결한다.

⑥ 그 밖에 운영위원회의 운영에 필요한 사항은 대통령령으로 정한다.

[본조신설 2017. 10. 24.]

제28조의10(임원 및 직원) ① 지원공사에는 임원으로 사장 1명, 상임이사 3명 이내, 비상임이사 3명 이상 및 감사 1명을 둔다.

② 임원의 임기는 3년으로 한다. 다만, 임원에 결원이 생겼을 때에는 새로 임명하고, 그 임기는 임명된 날부터 계산한다. 〈개정 2020. 6. 9.〉

③ 지원공사의 임원의 임면(任免)은 「상법」 제382조제1항, 제389조제1항 및 제409조제1항을 준용하고, 지원공사의 직원은 정관으로 정하는 바에 따라 사장이 임면한다.

[본조신설 2017. 10. 24.]

제28조의11(이사회) ① 운영위원회의 회의에 부칠 사항과 그 밖에 정관으로 정하는 지원공사의 업무에 관한 중요 사항을 심의·의결하

기 위하여 지원공사에 이사회를 둔다. 〈개정 2020. 6. 9.〉

② 이사회는 사장과 상임이사와 비상임이사로 구성한다.

③ 사장은 이사회를 소집하고 그 의장이 된다.

④ 이사회는 구성원 과반수의 출석으로 개의하고, 출석한 구성원 과반수의 찬성으로 의결한다.

⑤ 감사는 이사회에 출석하여 의견을 진술할 수 있다.

[본조신설 2017. 10. 24.]

제28조의12(임직원 등의 결격사유) ① 다음 각 호의 어느 하나에 해당하는 사람은 지원공사의 임원이 될 수 없으며, 제2호에 해당하는 사람은 운영위원회의 위원 또는 지원공사의 직원이 될 수 없다.

1. 「공공기관의 운영에 관한 법률」 제34조제1항제2호에 해당하는 사람

2. 「국가공무원법」 제33조 각 호의 어느 하나에 해당하는 사람

② 임원이 제1항 각 호의 어느 하나에 해당하게 되거나 임명 당시 그에 해당하는 사람으로 밝혀졌을 때에는 당연히 퇴직한다.

③ 제2항의 규정에 따라 퇴직한 임원이 퇴직 전에 관여한 행위는 그 효력을 잃지 아니한다.

[본조신설 2017. 10. 24.]

제28조의13(공무원 등의 파견 등) ① 사장은 그 업무를 수행하기 위하여 필요하다고 인정하면 중앙행정기관등에 그 소속 공무원 또는 임직원(이하 이 조에서 "파견직원"이라 한다)의 파견을 요청할 수 있다. 이 경우 국토교통부장관과 미리 협의하여야 한다.

② 사장은 제1항 후단에 따라 협의를 요청할 때에는 파견인원, 파

견기간, 파견요청 사유 및 자격요건을 적은 서류를 국토교통부장관에게 제출하여야 한다.

③ 제1항에 따라 파견요청을 받은 경우 해당 기관의 장은 그 소속 공무원 또는 임직원을 지원공사에 파견할 수 있다.

④ 파견직원이 제28조의16에 따른 업무를 수행할 때에는 지원공사의 직원으로 본다.

[본조신설 2017. 10. 24.]

제28조의14(대리인의 선임) ① 지원공사의 사장은 정관으로 정하는 바에 따라 임직원 중에서 지원공사의 업무에 관한 재판상 또는 재판 외의 모든 행위를 할 수 있는 권한을 가진 대리인을 선임할 수 있다.

② 제1항에 따라 재판상 대리인으로 선임될 수 있는 임직원의 범위는 대통령령으로 정한다.

[본조신설 2017. 10. 24.]

제28조의15(비밀누설 등의 금지) 지원공사의 임직원(제28조의8에 따른 위원을 포함한다) 및 그 직에 있었던 사람은 직무상 알게 된 비밀을 누설하거나 직무 외의 용도로 사용해서는 아니 된다.

[본조신설 2017. 10. 24.]

제28조의16(업무) ① 지원공사는 제28조의2제1항의 목적을 달성하기 위하여 다음 각 호의 업무를 수행한다.

1. 해외인프라·도시개발사업의 발굴 및 추진

2. 해외인프라·도시개발사업에 대한 투자, 출자 및 금융자문

3. 제1호와 관련된 외국정부·발주자와의 협상 지원

4. 해외인프라·도시개발사업 관련 국제협력

5. 정부로부터 위탁받은 업무

6. 해외인프라·도시개발사업 전문가 육성을 위한 교육

7. 그 밖에 해외인프라·도시개발사업에 관련된 업무로서 대통령령으로 정하는 업무

② 지원공사는 운영위원회의 심의를 거쳐 업무 수행에 관한 규정을 제정할 수 있다.

[본조신설 2017. 10. 24.]

제28조의17(재무 및 회계) ① 지원공사의 회계연도는 정부의 회계연도에 따른다.

② 지원공사의 예산과 결산은 운영위원회의 의결을 거쳐 국토교통부장관의 승인을 받아야 한다.

[본조신설 2017. 10. 24.]

제28조의18(차입) ① 지원공사는 해외인프라·도시개발사업 업무를 수행하기 위하여 필요한 경우 운영위원회의 의결을 거쳐 금융기관 또는 그 밖에 대통령령으로 정하는 자로부터 납입자본금과 적립금 합계액의 5배를 초과하지 아니하는 범위에서 자금을 차입할 수 있다.

② 정부는 제1항에 따라 지원공사가 차입한 자금의 원리금 상환을 보증할 수 있다.

[본조신설 2017. 10. 24.]

제28조의19(해외인프라·도시개발채권의 발행 등) ① 지원공사는 업무 수행에 필요한 자금을 조달하기 위하여 운영위원회의 의결을 거쳐 납입자본금과 적립금 합계액의 5배를 초과하지 아니하는 범위에

서 해외인프라 · 도시개발채권을 발행할 수 있다.

② 지원공사는 해외인프라 · 도시개발채권을 발행할 때마다 그 금액, 조건, 발행방법 및 상환방법을 정하여 국토교통부장관에게 신고하여야 한다.

③ 해외인프라 · 도시개발채권의 발행에 필요한 사항은 운영위원회가 정한다.

④ 해외인프라 · 도시개발채권의 소멸시효는 원금은 5년, 이자는 2년으로 완성된다.

⑤ 정부는 해외인프라 · 도시개발채권의 원리금 상환을 보증할 수 있다.

⑥ 해외인프라 · 도시개발채권은 「자본시장과 금융투자업에 관한 법률」 제4조제3항에 따른 특수채증권으로 본다.

[본조신설 2017. 10. 24.]

제28조의20(지도 · 감독) 국토교통부장관은 지원공사를 지도 · 감독하기 위하여 필요한 경우에는 그 업무에 관한 사항을 보고하게 하거나 자료의 제출 또는 그 밖에 필요한 사항을 명할 수 있다. 〈개정 2020. 6. 9.〉

[본조신설 2017. 10. 24.]

제28조의21(보고 · 검사 등) ① 국토교통부장관은 필요하다고 인정하면 지원공사에 대하여 그 업무 · 회계 및 재산에 관한 사항 등을 보고하게 하거나 소속 공무원에게 지원공사의 업무 상황 또는 장부, 서류, 시설, 그 밖에 필요한 물건을 검사하게 할 수 있다.

② 제1항에 따라 소속 공무원이 검사를 할 때에는 그 권한을 표

시하는 증표를 지니고 관계인에게 보여 주어야 한다.

[본조신설 2017. 10. 24.]

제28조의22(업무계획의 국회 제출) 지원공사는 사업연도마다 운영위원회의 심의·의결을 거친 업무계획을 지체 없이 국회 소관 상임위원회에 제출하여야 한다. 이를 변경하는 경우에도 또한 같다.

[본조신설 2017. 10. 24.]

제8장 감독 〈개정 2017. 10. 24.〉

제29조 삭제 〈1999. 2. 8.〉

제30조 삭제 〈1999. 2. 8.〉

제31조 삭제 〈1999. 2. 8.〉

제32조 삭제 〈1999. 2. 8.〉

제33조(대리시공) ① 국토교통부장관은 해외건설사업자의 부실시공으로 인하여 대외적인 공신력을 떨어뜨릴 우려가 있고 발주자의 의사에 반하지 아니한다고 인정하는 경우에는 대통령령으로 정하는 바에 따라 다른 해외건설사업자(이하 "대리시공자"라 한다)에게 그 공사를 대리(代理)하여 시공하게 할 수 있다. 〈개정 2013. 3. 23., 2019. 4. 30.〉

② 제1항에 따른 대리시공자와 기존 시공자는 하도급계약 또는 대체계약의 형식으로 공사 시공에 관한 권리·의무를 지체 없이 인계·인수하여야 한다.

③ 국토교통부장관은 제1항에 따른 대리시공으로 손실이 발생하였을 때에는 이를 보전(補塡)할 수 있도록 대리시공자에게 대통령령

으로 정하는 바에 따라 필요한 협조와 지원을 하여야 한다. 〈개정 2013. 3. 23.〉

④ 국토교통부장관은 제3항에 따른 지원을 위하여 필요하다고 인정하는 경우에는 관계 행정기관의 장에게 필요한 협조와 지원을 요청할 수 있다. 〈개정 2013. 3. 23.〉

[전문개정 2011. 8. 4.]

제9장 보칙 〈개정 2017. 10. 24.〉

제34조(권한의 위탁) 이 법에 따른 국토교통부장관의 권한은 그 일부를 대통령령으로 정하는 바에 따라 협회에 위탁할 수 있다. 〈개정 2013. 3. 23.〉

[전문개정 2011. 8. 4.]

제34조의2(벌칙 적용에서 공무원 의제) 지원공사의 임직원(제28조의8에 따른 위원 및 제28조의13에 따른 파견직원을 포함한다)은 「형법」 제129조부터 제132조까지의 규정을 적용할 때에는 공무원으로 본다.

[본조신설 2017. 10. 24.]

제35조 삭제 〈1999. 2. 8.〉

제36조 삭제 〈1999. 2. 8.〉

제10장 벌칙 〈개정 2017. 10. 24.〉

제37조(벌칙) 해외공사를 부실하게 시공하여 그 준공 전에 공사가 중단되어 다음 각 호의 어느 하나에 해당하게 된 해외건설사업자는

10년 이하의 징역 또는 1억원 이하의 벌금에 처한다. 〈개정 2015. 1. 6., 2018. 12. 31., 2019. 4. 30.〉

1. 제33조제1항에 따른 대리시공의 원인을 제공한 자

2. 해외공사의 지급보증인에게 재산상 손실을 가한 자

[전문개정 2011. 8. 4.]

제38조(벌칙) 해외건설사업자가 해외공사를 조잡하게 하여 공사의 준공 또는 완성 후 그 공사의 하자보수 의무기간 내에 목적물에 중대한 손괴(損壞)가 생기게 한 경우에는 5년 이하의 징역 또는 3천만원 이하의 벌금에 처한다. 〈개정 2019. 4. 30.〉

[전문개정 2011. 8. 4.]

제39조(벌칙) 다음 각 호의 어느 하나에 해당하는 자는 1년 이하의 징역 또는 1천만원 이하의 벌금에 처한다. 〈개정 2017. 10. 24.〉

1. 거짓이나 그 밖의 부정한 방법으로 제6조제1항에 따른 신고를 한 자

2. 제6조제1항에 따른 신고를 하지 아니하고 해외건설업을 영위한 자

3. 제28조의15를 위반하여 직무상 알게 된 비밀을 누설하거나 직무 외의 용도로 사용한 사람

[전문개정 2011. 8. 4.]

제40조(양벌규정) 법인의 대표자나 법인 또는 개인의 대리인, 사용인, 그 밖의 종업원이 그 법인 또는 개인의 업무에 관하여 제37조부터 제39조까지의 어느 하나에 해당하는 위반행위를 하면 그 행위자를 벌하는 외에 그 법인 또는 개인에게도 해당 조문의 벌금형을

과(科)한다. 다만, 법인 또는 개인이 그 위반행위를 방지하기 위하여 해당 업무에 관하여 상당한 주의와 감독을 게을리하지 아니한 경우에는 그러하지 아니하다.

[전문개정 2010. 3. 17.]

제41조(과태료) ① 제18조의3에 따른 응급의료시설과 의료진을 갖추지 아니한 자에게는 1천만원 이하의 과태료를 부과한다. 〈신설 2015. 8. 11.〉

② 다음 각 호의 어느 하나에 해당하는 자에게는 300만원 이하의 과태료를 부과한다. 〈개정 2015. 8. 11., 2017. 10. 24., 2019. 4. 30.〉

1. 제6조제1항에 따른 변경 신고를 하지 아니한 자
2. 제10조에 따른 신고를 하지 아니하거나 거짓으로 신고한 자
3. 제13조에 따른 통보를 하지 아니하거나 거짓으로 통보한 자
4. 제28조의6을 위반하여 한국해외인프라·도시개발지원공사 또는 이와 유사한 명칭을 사용한 자

③ 제1항 및 제2항에 따른 과태료는 대통령령으로 정하는 바에 따라 국토교통부장관이 부과·징수한다. 〈개정 2013. 3. 23., 2015. 8. 11.〉

[전문개정 2011. 8. 4.]

부칙 〈제4573호, 1993. 8. 5.〉

제1조 (시행일) 이 법은 1994년 1월 1일부터 시행한다.

제2조 (처분에 관한 경과조치) 이 법 시행전에 종전의 규정에 의하여 행하여진 처분은 이 법의 규정에 의하여 행한 처분으로 본다.

제3조 (해외건설업면허에 관한 경과조치) 이 법 시행당시 종전의 규정에 의하여 해외건설업면허를 받은 자는 이 법에 의한 해외건설업의 등록을 한 자로 본다.

제4조 (현지법인의 설립신고에 관한 경과조치) 이 법 시행당시 해외건설업자가 설립하거나 인수한 현지법인에 대하여는 이 법 시행일부터 3월이내에 건설부장관에게 제10조의 개정규정에 의한 현지법인의 설립등에 관한 현황을 신고하여야 한다.

제5조 (해외공사수행계획의 신고에 관한 경과조치) 이 법 시행당시 종전의 규정에 의하여 해외공사의 도급허가를 받거나 허가신청중인 자는 제11조제1항의 개정규정에 의하여 해외공사수행계획을 신고한 자로 본다.

제6조 (기금에 관한 경과조치) ①이 법 시행당시 종전의 규정에 의하여 설치된 해외건설진흥기금은 제19조의 개정규정에 의하여 설치된 것으로 본다.

②이 법 시행당시 종전의 규정에 의하여 해외건설진흥기금에 속하는 재산(債權·債務를 포함한다) 및 물품에 관하여 해외건설협회가 가지는 권리·의무는 건설부장관이 포괄승계한다.

제7조 (벌칙에 관한 경과조치) 이 법 시행전의 행위에 대한 벌칙의 적용에 있어서는 종전의 규정에 의한다.

제8조 (다른 법률의 개정) ①조세감면규제법중 다음과 같이 개정한다.

제26조제1항제1호를 다음과 같이 한다.

1. 해외건설촉진법에 의한 해외건설업

제27조제4항제3호를 다음과 같이 한다.

3. 해외건설촉진법에 의하여 해외건설업등록의 효력을 잃거나 취소된 때

②수출보험법중 다음과 같이 개정한다.

제2조제9항중 “해외건설촉진법의 규정에 의한 해외건설업의 면허를 받은 자”를 “해외건설촉진법에 의한 해외건설업자”로 한다.

③대외무역법중 다음과 같이 개정한다.

제25조제3항 후단중 “해외건설촉진법에 의하여 받아야 하는 해외공사의 도급허가로 보며”를 “해외건설촉진법에 의하여 해외공사수행계획을 신고한 것으로 보며”로 하고, 동조제4항중 “해외건설촉진법에 의하여 해외건설업의 면허를 받은 자”를 해외건설촉진법에 의한 해외건설업자"로 한다.

④항만운송사업법중 다음과 같이 개정한다.

제2조제6항중 “해외건설촉진법 제2조제1호 및 제2호에서 정한 공사 및 용역을”을 “해외건설촉진법 제2조제1호의 규정에 의한 해외공사를”로 한다.

⑤제1항 내지 제4항외에 이 법 시행당시 다른 법률에서 종전의 해외건설촉진법의 규정을 인용하고 있는 경우에는 이 법중 그에 해당하는 규정이 있는 경우에는 종전의 규정에 갈음하여 이 법의 해당 규정을 인용한 것으로 본다.

부칙 〈제5230호, 1996. 12. 30.〉 (건설산업기본법)

제1조 (시행일) 이 법은 1997년 7월 1일부터 시행한다. 〈단서 생략〉

제2조 내지 제9조 생략

제10조 (다른 법률의 개정) ①내지 ⑥생략

⑦해외건설촉진법중 다음과 같이 개정한다.

제3조중 "건설업법"을 "건설산업기본법"으로 한다.

제6조제2항제1호중 "건설업법에 의하여 건설업의 면허를 받은 자"를 "건설산업기본법에 의하여 건설업의 면허를 받거나 등록을 한 자"로 한다.

⑧생략

제11조 생략

부칙 <제5386호, 1997. 8. 28.> (정보통신공사업법)

제1조(시행일) 이 법은 1998년 1월 1일부터 시행한다.<단서 생략>

제2조 내지 제6조 생략

제7조 (다른 법률의 개정) ①내지 ③생략

④해외건설촉진법중 다음과 같이 개정한다.

제3조중 "전기통신공사에 관여하는 전기통신공사업법"을 "정보통신공사에 관하여는 정보통신공사업법"으로 한다.

제6조제2항제3호를 다음과 같이 한다.

3. 정보통신공사업법에 의하여 정보통신공사업의 허가를 받은 자

⑤생략

제8조 생략

부칙 <제5453호, 1997. 12. 13.> (행정절차법의시행에따른공인회계사법등의정비에관한법률)

제1조 (시행일) 이 법은 1998년 1월 1일부터 시행한다.〈단서 생략〉
제2조 생략

부칙 〈제5454호, 1997. 12. 13.〉 (정부부처명칭등의변경에따른건축법등의정비에관한법률)
이 법은 1998년 1월 1일부터 시행한다.〈단서 생략〉

부칙 〈제5726호, 1999. 1. 29.〉 (전기공사업법)
제1조 (시행일) 이 법은 1999년 7월 1일부터 시행한다.
제2조 내지 제5조 생략
제6조 (다른 법률의 개정) ①및 ②생략
③해외건설촉진법중 다음과 같이 개정한다.
제6조제2항제2호를 다음과 같이 한다.
2. 전기공사업법에 의하여 공사업의 등록을 한 자
제7조 생략

부칙 〈제5815호, 1999. 2. 5.〉 (독점규제및공정거래에관한법률의적용이제외되는부당한공동행위등의정비에관한법률)
①(시행일) 이 법은 공포한 날부터 시행한다. 〈단서 생략〉
②(벌칙에 관한 경과조치) 이 법 시행전의 행위에 대한 벌칙의 적용에 있어서는 종전의 규정에 의한다.

부칙 〈제5901호, 1999. 2. 8.〉

제1조 (시행일) 이 법은 공포한 날부터 시행한다. 다만, 제2조제6호의 개정규정은 1999년 4월 1일부터 시행한다.

제2조 (해외건설업의 등록에 관한 경과조치) 이 법 시행당시 종전의 제6조의 규정에 의하여 해외건설업의 등록을 한 자는 제6조의 개정규정에 의하여 해외건설업의 신고를 한 것으로 본다.

제3조 (기금에 관한 경과조치) 이 법 시행당시 종전의 제19조의 규정에 의한 해외건설진흥기금에 속하는 재산(債權·債務를 포함한다)에 관하여 건설교통부장관이 가지는 권리·의무는 이 법 시행당시 종전의 제23조의 규정에 의하여 설립된 해외건설협회가 포괄승계한다.

제4조 (행정처분에 관한 경과조치) 이 법 시행전의 위반행위에 대한 행정처분은 개정규정에 의한다. 다만, 이미 처분을 받은 경우에는 종전의 규정을 적용한다.

제5조 (벌칙 및 과태료에 관한 경과조치) 이 법 시행전의 행위에 대한 벌칙 및 과태료의 적용에 있어서는 종전의 규정에 의한다.

제6조 (다른 법률의 개정) 기금관리기본법중 다음과 같이 개정한다.

별표 제64호를 삭제한다.

부칙 〈제8466호, 2007. 5. 17.〉 (수질 및 수생태계 보전에 관한 법률)

제1조 (시행일) 이 법은 공포 후 6개월이 경과한 날부터 시행한다.

제2조 및 제3조 생략

제4조 (다른 법률의 개정) ①부터 ㊽까지 생략

㊾해외건설촉진법 일부를 다음과 같이 개정한다.

제6조제2항제6호 중 "수질환경보전법"을 "「수질 및 수생태계 보전에 관한 법률」"로 한다.

㊿부터 〈55〉까지 생략

제5조 생략

부칙 〈제8852호, 2008. 2. 29.〉 (정부조직법)

제1조(시행일) 이 법은 공포한 날부터 시행한다. 다만, ···〈생략〉···, 부칙 제6조에 따라 개정되는 법률 중 이 법의 시행 전에 공포되었으나 시행일이 도래하지 아니한 법률을 개정한 부분은 각각 해당 법률의 시행일부터 시행한다.

제2조 부터 제5조까지 생략

제6조(다른 법률의 개정) ① 부터 〈626〉 까지 생략

〈627〉 해외건설촉진법 일부를 다음과 같이 개정한다.

제5조, 제6조제1항·제4항, 제10조 전단 및 후단, 제13조, 제16조제1항·제2항, 제17조제1항, 제18조제1항, 제23조제1항, 제23조의2제1항·제2항, 제24조제8호, 제26조제1항, 제27조, 제33조제1항·제3항·제4항, 제34조 및 제41조제2항·제3항·제4항 중 "건설교통부장관"을 각각 "국토해양부장관"으로 한다.

〈628〉 부터 〈760〉 까지 생략

제7조 생략

부칙 〈제9059호, 2008. 3. 28.〉

이 법은 공포한 날부터 시행한다.

부칙 〈제9545호, 2009. 3. 25.〉

이 법은 공포 후 3개월이 경과한 날부터 시행한다.

부칙 〈제9770호, 2009. 6. 9.〉 (소음ㆍ진동관리법)

제1조(시행일) 이 법은 2010년 7월 1일부터 시행한다. 〈단서 생략〉

제2조 부터 제5조까지 생략

제6조(다른 법률의 개정) ① 부터 ㊱ 까지 생략

㊲ 해외건설촉진법 일부를 다음과 같이 개정한다.

제6조제2항제6호 중 "소음ㆍ진동규제법"을 "「소음ㆍ진동관리법」"으로 한다.

㊳ 생략

제7조 생략

부칙 〈제9856호, 2009. 12. 29.〉

이 법은 공포한 날부터 시행한다. 다만, 제6조제2항제7호의 개정규정은 2010년 7월 1일부터 시행한다.

부칙 〈제10135호, 2010. 3. 17.〉

이 법은 공포한 날부터 시행한다.

부칙 〈제10250호, 2010. 4. 12.〉 (엔지니어링산업 진흥법)

제1조(시행일) 이 법은 공포 후 6개월이 경과한 날부터 시행한다.

제2조 부터 제7조까지 생략

제8조(다른 법률의 개정) ① 부터 ⑫ 까지 생략

⑬ 해외건설촉진법 일부를 다음과 같이 개정한다.

제6조제2항제4호를 다음과 같이 한다.

4. 「엔지니어링산업 진흥법」에 따라 엔지니어링사업자로 신고한 자

⑭ 생략

제9조 생략

부칙 〈제11023호, 2011. 8. 4.〉

제1조(시행일) 이 법은 공포한 날부터 시행한다.

제2조(인용조문에 관한 경과조치) ① 제6조제2항제5호의 개정규정 중 "건축사사무소개설신고"는 2012년 5월 30일까지는 "건축사업무신고"로 본다.

② 제6조제2항제7호의 개정규정 중 "「환경기술 및 환경산업 지원법」" 및 "환경전문공사업"은 2011년 10월 28일까지는 각각 "「환경기술개발 및 지원에 관한 법률」" 및 "방지시설업"으로 본다.

부칙 〈제11198호, 2012. 1. 17.〉

이 법은 공포 후 6개월이 경과한 날부터 시행한다.

부칙 〈제11690호, 2013. 3. 23.〉 (정부조직법)

제1조(시행일) ① 이 법은 공포한 날부터 시행한다.

② 생략

제2조 부터 제5조까지 생략

제6조(다른 법률의 개정) ①부터 〈668〉까지 생략

〈669〉 해외건설 촉진법 일부를 다음과 같이 개정한다.

제5조제1항 · 제2항, 제6조제1항 전단, 같은 조 제4항, 제10조 전단 및 후단, 제13조, 제15조의2제1항 각 호 외의 부분, 같은 조 제2항 · 제3항, 같은 조 제4항 전단 및 후단, 제15조의3제1항 각 호 외의 부분, 같은 조 제2항 · 제3항, 같은 조 제4항 전단 및 후단, 제16조제1항 각 호 외의 부분, 같은 조 제2항, 제17조제1항, 제17조의3제1항 각 호 외의 부분, 제18조제1항, 제18조의2제1항, 같은 조 제2항 각 호 외의 부분, 같은 조 제3항, 같은 조 제5항 전단, 제23조제1항, 제23조의2제1항 · 제2항, 제24조제10호, 제26조제1항, 제27조, 제33조제1항 · 제3항 · 제4항, 제34조 및 제41조제2항 중 “국토해양부장관”을 각각 “국토교통부장관”으로 한다.

〈670〉부터 〈710〉까지 생략

제7조 생략

부칙 〈제12082호, 2013. 8. 13.〉

이 법은 공포 후 6개월이 경과한 날부터 시행한다.

부칙 〈제12996호, 2015. 1. 6.〉

이 법은 공포한 날부터 시행한다.

부칙 〈제13494호, 2015. 8. 11.〉

제1조(시행일) 이 법은 공포 후 6개월이 경과한 날부터 시행한다.

다만, 제2조, 제18조의3 및 제41조의 개정규정은 공포 후 1년이 경과한 날부터 시행한다.

제2조(경과조치) 이 법 시행 전에 해외건설에 투자할 목적으로 설정 또는 설립된 집합투자기구로서 국토교통부장관이 승인한 것은 제19조의 개정규정에 따라 설립된 해외건설집합투자기구로 본다.

부칙 〈제14956호, 2017. 10. 24.〉

제1조(시행일) 이 법은 공포 후 6개월이 경과한 날부터 시행한다.

제2조(지원공사의 설립에 따른 경과조치) ① 해외도시개발지원센터의 모든 소관 업무, 권리·의무 및 재산은 지원공사의 설립과 동시에 지원공사가 포괄 승계한다.

② 제1항에 따라 지원공사에 승계될 재산의 가액은 승계되는 날 전일의 장부가액으로 한다.

③ 해외도시개발지원센터의 명의로 된 등기부나 그 밖의 공부에 표시된 명의는 지원공사의 명의로 본다.

④ 지원공사의 설립 이전에 해외도시개발지원센터가 행한 행위 또는 해외도시개발지원센터에 대하여 행하여진 행위는 지원공사가 행한 행위 또는 지원공사에 대하여 행하여진 행위로 본다.

부칙 〈제16148호, 2018. 12. 31.〉

이 법은 공포한 날부터 시행한다.

부칙 〈제16422호, 2019. 4. 30.〉

제1조(시행일) 이 법은 공포 후 3개월이 경과한 날부터 시행한다.
제2조(다른 법률의 개정) 대외무역법 일부를 다음과 같이 개정한다.
제32조제4항 중 "해외건설업자"를 "해외건설사업자"로 한다.
제3조(다른 법령과의 관계) 이 법 시행 당시 다른 법령에서 종전의 「해외건설 촉진법」의 규정을 인용한 경우 이 법 가운데 그에 해당하는 규정이 있으면 종전의 규정을 갈음하여 이 법의 해당 조항을 인용한 것으로 본다.

부칙 〈제17453호, 2020. 6. 9.〉 (법률용어 정비를 위한 국토교통위원회 소관 78개 법률 일부개정을 위한 법률)
이 법은 공포한 날부터 시행한다. 〈단서 생략〉

부칙 〈제17799호, 2020. 12. 29.〉 (독점규제 및 공정거래에 관한 법률)
제1조(시행일) 이 법은 공포 후 1년이 경과한 날부터 시행한다. 〈단서 생략〉
제2조 부터 제24조까지 생략
제25조(다른 법률의 개정) ①부터 〈78〉까지 생략
〈79〉 해외건설 촉진법 일부를 다음과 같이 개정한다.
제3조제4항 중 "「독점규제 및 공정거래에 관한 법률」 제2조제1호의2"를 "「독점규제 및 공정거래에 관한 법률」 제2조제7호"로, "같은 법 제8조의2제2항제2호"를 "같은 법 제18조제2항제2호"로 한다.
〈80〉부터 〈82〉까지 생략

제26조 생략

부칙 〈제18128호, 2021. 4. 20.〉 (자본시장과 금융투자업에 관한 법률)

제1조(시행일) 이 법은 공포 후 6개월이 경과한 날부터 시행한다.

제2조 부터 제9조까지 생략

제10조(다른 법률의 개정) ①부터 ⑨까지 생략

⑩ 해외건설 촉진법 일부를 다음과 같이 개정한다.

제3조제3항 단서 중 “제249조의12제4항부터 제6항까지와 제249조의13제1항”을 “제249조의13제1항”으로 하고, 같은 항 단서 및 같은 조 제4항 중 “해외건설 경영참여형 사모집합투자기구”를 각각 “해외건설 기관전용 사모집합투자기구”로 한다.

제19조제2항 중 “경영참여형 사모집합투자기구(이하 "해외건설 경영참여형 사모집합투자기구"라 한다)”를 “기관전용 사모집합투자기구(이하 "해외건설 기관전용 사모집합투자기구"라 한다)”로 하고, 같은 조 제3항 중 “해외건설 경영참여형 사모집합투자기구”를 “해외건설 기관전용 사모집합투자기구”로, “투자회사, 경영참여형 사모집합투자기구”를 “투자회사, 기관전용 사모집합투자기구”로 한다.

제19조의4제1항제3호 중 “해외건설 경영참여형 사모집합투자기구”를 “해외건설 기관전용 사모집합투자기구”로 한다.

제19조의6제1항 각 호 외의 부분, 같은 항 제3호 및 같은 조 제2항 중 “해외건설 경영참여형 사모집합투자기구”를 각각 “해외건설 기관전용 사모집합투자기구”로 한다.

제19조의7제2항 중 “해외건설 경영참여형 사모집합투자기구”를 “해외건설 기관전용 사모집합투자기구”로 한다.

⑪ 및 ⑫ 생략

부칙 〈제19689호, 2023. 8. 16.〉

이 법은 공포한 날부터 시행한다.

해외건설 촉진법 시행령

[시행 2025. 6. 21.] [대통령령 제35597호, 2025. 6. 20., 타법개정]

**개정 예정 법률 밑줄 별도 표시.

해외건설 촉진법 시행령

[시행 2025. 6. 21.] [대통령령 제35597호, 2025. 6. 20., 타법개정]

제1장 총칙

제1조(목적) 이 영은 「해외건설 촉진법」에서 위임된 사항과 그 시행에 필요한 사항을 규정함을 목적으로 한다.

[전문개정 2014. 4. 1.]

제2조(해외건설공사의 종류) 「해외건설 촉진법」(이하 "법"이라 한다) 제2조제2호에서 "대통령령으로 정하는 공사"란 다음 각 호의 공사를 말한다.

1. 「건설산업기본법」 제2조제4호에 따른 건설공사
2. 「전기공사업법」 제2조제1호에 따른 전기공사
3. 「정보통신공사업법」 제2조제2호에 따른 정보통신공사

[전문개정 2014. 4. 1.]

제3조(해외건설 엔지니어링활동의 범위) 법 제2조제3호에서 "대통령령으로 정하는 활동"이란 다음 각 호의 활동을 말한다. 〈개정 2021. 2. 9.〉

1. 도시 및 지역계획의 수립
2. 공간정보체계 구축을 위한 측량·지적·지도제작 및 해양조사 등의 활동

[전문개정 2014. 4. 1.]

제4조(장기 해외건설진흥기본계획 등의 내용) ① 법 제5조제1항에 따른 장기 해외건설진흥기본계획에는 다음 각 호의 사항이 포함되어야 한다. 〈개정 2019. 9. 10.〉

1. 중장기 해외건설시장 동향분석 및 수주전망
2. 지역별ㆍ국가별 해외건설 진출전략
3. 해외건설사업자의 국제경쟁력 제고방안
4. 해외건설 정책 및 지원방안

② 법 제5조제1항에 따른 연도별 해외건설추진계획에는 다음 각 호의 사항이 포함되어야 한다. 〈개정 2018. 4. 24.〉

1. 해외건설산업 진흥을 위한 정책방향
2. 전년도 해외건설 추진실적
3. 주요 사업별 추진계획 및 투자계획
4. 해외공사 실적이 높거나 새로운 해외건설시장으로 개척이 필요한 핵심국가에 대한 해외건설시장 진출 전략
5. 그 밖에 해외건설산업의 진흥에 필요한 사항

③ 법 제5조제2항에 따른 분야별 진흥계획에는 다음 각 호의 사항이 포함되어야 한다. 〈개정 2019. 9. 10.〉

1. 분야별 해외건설시장 동향분석
2. 분야별 해외건설시장 진출현황
3. 분야별 해외건설시장 진출을 위한 정부의 전략 및 지원대책
4. 그 밖에 해외건설사업자의 분야별 해외진출을 지원하기 위하여 필요한 사항

④ 국토교통부장관은 제3항에 따른 분야별 진흥계획을 제2항에 따른 연도별 해외건설추진계획에 포함하여 수립할 수 있다.

⑤ 국토교통부장관은 제1항부터 제4항까지의 규정에 따른 장기해외건설진흥기본계획, 연도별 해외건설추진계획, 분야별 진흥계획(이하 "해외건설진흥기본계획등"이라 한다)을 수립하려면 관계 중앙행정기관의 장의 의견을 들은 후 법 제17조의3제1항에 따른 해외건설진흥위원회의 심의를 거쳐야 한다.

⑥ 국토교통부장관은 해외건설진흥기본계획등을 수립하였을 때에는 그 내용을 관계 중앙행정기관의 장에게 통보하여야 한다.

[전문개정 2014. 4. 1.]

제2장 해외건설업의 신고

제5조(해외건설업의 업종 및 자격) ① 법 제6조제1항에 따른 해외건설업의 영업의 종류(이하 "업종"이라 한다) 및 내용은 별표 1과 같다.

② 업종별로 신고할 수 있는 자격은 별표 2와 같다.

[전문개정 2014. 4. 1.]

제6조(해외건설업의 신고 등) ① 해외건설업의 신고를 하려는 자는 다음 각 호의 사항을 적은 해외건설업 신고서에 국토교통부령으로 정하는 서류를 첨부하여 국토교통부장관에게 제출하여야 한다.

1. 업종
2. 상호 또는 명칭
3. 성명(법인인 경우에는 대표자 성명)
4. 주된 사무소 소재지

5. 법 제6조제2항에 해당하는 자격

② 국토교통부장관은 해외건설업 신고대장을 작성하여 보관하여야 한다.

③ 해외건설사업자가 해외건설업 신고확인증을 분실 또는 훼손하였을 때에는 국토교통부령으로 정하는 바에 따라 재발급 받을 수 있다. 〈개정 2019. 9. 10.〉

④ 제2항에 따른 해외건설업 신고대장은 전자적 처리가 불가능한 특별한 사유가 없으면 전자적 처리가 가능한 방법으로 작성·보관하여야 한다.

[전문개정 2014. 4. 1.]

제7조(신고사항의 변경신고) ① 법 제6조제1항 후단에 따라 변경신고를 하여야 하는 사항은 제6조제1항제2호부터 제4호까지의 사항으로 한다.

② 제1항에 따라 신고사항의 변경신고를 하려는 자는 그 사유가 발생한 날부터 30일 이내에 해외건설업 변경신고서를 국토교통부장관에게 제출하여야 한다.

[전문개정 2014. 4. 1.]

제8조(해외건설업의 신고를 할 수 있는 자) 법 제6조제2항제9호에서 "대통령령으로 정하는 자"란 다음 각 호의 자를 말한다. 〈개정 2009. 6. 25., 2011. 1. 4., 2014. 2. 11., 2014. 4. 1., 2015. 6. 1., 2016. 8. 11., 2019. 9. 10., 2020. 1. 7., 2021. 2. 9., 2021. 9. 14.〉

1. 「대외무역법 시행령」 제21조제1항에 따라 무역거래자별 고유

번호를 받은 자

2. 해외공사의 개발(공사의 시공은 제외한다)사업을 하기 위하여 해외건설사업자가 공동으로 출자하여 설립한 법인

3. 「건설기술 진흥법」 제26조에 따라 등록한 건설엔지니어링사업자

4. 「공간정보의 구축 및 관리 등에 관한 법률」 제44조에 따라 등록한 측량업자 또는 「해양조사와 해양정보 활용에 관한 법률」 제30조에 따라 등록한 해양조사·정보업자(해양정보서비스업을 등록한 자는 제외한다)

5. 「주택법」 제4조에 따라 등록한 주택건설사업자 또는 대지조성사업자

[제목개정 2014. 4. 1.]

제9조 삭제 〈1999. 3. 17.〉

제10조(해외건설업 신고면제대상 공공기관 및 지방공기업) ① 법 제6조제6항 전단에서 "대통령령으로 정하는 공공기관"이란 별표 3의 공공기관을 말한다.

② 법 제6조제6항 전단에서 "대통령령으로 정하는 지방공기업"이란 해외건설업을 영위하려는 「지방공기업법」에 따른 지방공기업 중 국토교통부장관이 정하여 고시하는 지방공기업을 말한다. 〈개정 2013. 3. 23., 2018. 4. 24.〉

[전문개정 2011. 1. 4.]

제11조 삭제 〈1999. 3. 17.〉

제12조 삭제 〈1999. 3. 17.〉

제3장 현지법인 설립 등의 신고 및 통보 〈개정 2019. 9. 10.〉

제13조(현지법인 현황의 신고) 해외건설사업자가 법 제10조에 따라 현지법인의 설립 또는 인수 현황에 관한 신고를 하려는 경우에는 그 설립일 또는 인수일부터 60일 이내에 현지법인설립(인수) 신고서를 국토교통부장관 또는 재외공관의 장에게 제출해야 한다. 〈개정 2019. 9. 10.〉

[전문개정 2014. 4. 1.]

제14조 삭제 〈1999. 3. 17.〉

제15조 삭제 〈1999. 3. 17.〉

제16조 삭제 〈1999. 3. 17.〉

제17조(해외공사 상황의 통보) ① 법 제13조에 따라 해외건설사업자가 국토교통부장관에게 통보해야 하는 해외공사 상황의 통보대상 및 통보기한은 별표 3의2와 같다.

② 국토교통부장관은 해외공사 상황을 신속하게 파악할 필요가 있는 경우에는 제1항 및 별표 3의2에도 불구하고 해외공사 상황을 수시로 통보하게 할 수 있다.

[전문개정 2020. 5. 19.]

제4장 해외공사의 지원 등

제18조 삭제 〈1999. 3. 17.〉

제19조(중소기업 수주지원센터의 설치·운영) ① 법 제15조의2제1항제4호에서 “대통령령으로 정하는 사항”이란 다음 각 호의 어느 하나에 해당하는 사항을 말한다. 〈개정 2019. 9. 10.〉

1. 해외건설시장 진출을 위한 자금, 인력 및 기자재 확보 등의 지원

2. 해외공사에 필요한 수출보증, 무역보험, 수출금융 및 환율변동 대응 등의 금융활동 지원

3. 해외건설시장 진출 기업과의 정보 공유 및 협력 기회 제공

4. 그 밖에 중소건설사업자의 해외건설시장 진출을 지원하기 위하여 국토교통부장관이 필요하다고 인정하는 사항

② 법 제15조의2제4항 전단에서 "대통령령으로 정하는 기관 또는 단체"란 다음 각 호의 기관 또는 단체를 말한다. 〈개정 2020. 2. 18.〉

1. 법 제23조에 따라 설립된 해외건설협회

2. 「건설산업기본법」 제50조에 따라 설립된 건설사업자단체

3. 「건설산업기본법」 제54조에 따라 설립된 공제조합

[전문개정 2014. 4. 1.]

제19조의2 삭제 〈2018. 4. 24.〉

제19조의3(해외건설 정책 및 연구개발 지원 등) ① 법 제15조의4제1항제7호에서 "대통령령으로 정하는 사항"이란 다음 각 호의 사항을 말한다.

1. 해외건설 진출시장 및 공종 다변화 전략개발

2. 해외건설 투자개발 및 해외건설 엔지니어링 진출 확대 방안 연구

3. 해외건설 금융지원 방안 및 기법 연구

4. 해외건설 관계기관 간 추진체계 강화 방안 연구

5. 해외건설 관련 정보체계의 연계·통합 및 활용 방안 연구

6. 그 밖에 해외건설 진흥을 위하여 국토교통부장관이 필요하다고

인정하는 사항

② 법 제15조의4제4항 전단에서 "대통령령으로 정하는 기관 또는 단체"란 다음 각 호의 어느 하나에 해당하는 기관 또는 단체를 말한다. 〈개정 2018. 9. 4., 2020. 2. 18.〉

1. 법 제23조에 따라 설립된 해외건설협회

1의2. 법 제28조의2에 따라 설립된 한국해외인프라·도시개발지원공사

2. 「건설산업기본법」 제50조에 따라 설립된 건설사업자단체

3. 「정부출연연구기관 등의 설립·운영 및 육성에 관한 법률」 제8조에 따라 설립된 정부출연연구기관

[본조신설 2014. 2. 11.]

제19조의4(해외공사 관련 국제협력 지원 등) ① 법 제15조의5제3호에서 "대통령령으로 정하는 비용"이란 다음 각 호의 업무에 드는 비용을 말한다.

1. 해외공사정보의 수집·조사와 자료 발간

2. 해외공사 관련 정보시스템의 개발·구축 및 유지·관리

3. 정보통신망을 통한 해외공사정보의 제공

② 국토교통부장관은 법 제15조의5에 따라 비용을 지원할 때에는 미리 다음 각 호의 내용을 공고하여야 한다.

1. 다음 각 목의 사항이 포함된 집행계획

가. 지원대상사업의 종류

나. 지원금액

다. 지원대상사업 모집 기간 및 일정

라. 신청방법

2. 비용지급조건 등이 포함된 지급기준

3. 지원대상사업 선정평가기준 등 비용 지원에 필요한 그 밖의 사항

[본조신설 2016. 2. 11.]

제19조의5(해외공사 관련 정보) 법 제15조의7제1항제5호에서 "대통령령으로 정한 정보 및 자료"란 다음 각 호의 정보 및 자료를 말한다.

1. 법 제13조에 따라 통보된 해외공사 상황 자료

2. 해외건설사업자가 수립·실시한 해외공사 기본계획 및 타당성 조사 결과(정부가 재정 지원을 하는 경우만 해당한다)

3. 그 밖에 발주 예정이거나 발주된 해외공사에 대한 정보

[본조신설 2019. 9. 10.]

제19조의6(정보체계의 구축·활용을 위한 협력) 국토교통부장관은 법 제15조의7제1항에 따른 정보체계의 구축 및 활용 촉진을 위하여 같은 항 각 호의 정보를 보유하고 있는 기관 또는 단체와 정보체계를 연계하거나 공동사업 등을 추진할 수 있다.

[본조신설 2019. 9. 10.]

제20조(우수 해외건설사업자 지정 등) ① 국토교통부장관은 법 제16조제1항에 따라 우수 해외건설사업자를 지정할 때에는 다음 각 호의 사항을 고려해야 한다. 다만, 제1호·제3호·제4호 및 제7호는 법 제16조제1항제2호에 해당하는 해외건설사업자를 우수 해외건설사업자로 지정하는 경우에는 적용하지 않는다. 〈개정 2019. 9. 10.,

2021. 1. 5.〉

1. 해외건설사업자의 최근 3년간 해외공사계약 실적

2. 해외건설사업자의 재무 상태 건실도

3. 해외건설사업자의 신규시장 개척 실적

4. 해외건설사업자가 시행한 해외공사의 외화획득비율

5. 제21조에 따른 해외건설사업자의 기술개발비 사용 실적

6. 해외건설사업자의 국산기자재 및 국내인력 활용 실적

7. 해외건설사업자가 시행한 해외공사의 공사기간 단축 등 공사 수행의 우수성

② 우수 해외건설사업자로 지정받으려는 자는 제1항 각 호의 사항 중 해당 사항에 관한 자료를 갖추어 국토교통부장관에게 신청해야 한다. 〈개정 2019. 9. 10.〉

③ 우수 해외건설사업자 지정의 유효기간은 3년으로 한다. 〈개정 2019. 9. 10.〉

[전문개정 2014. 4. 1.]

[제목개정 2019. 9. 10.]

제20조의2(공공기관의 투자한도) 법 제17조의2제1항에 따라 공공기관이 출자하거나 투자할 수 있는 최대한도는 해당 집합투자기구 자산 총액의 100분의 30 이내로 한다.

[전문개정 2014. 4. 1.]

제20조의3(해외건설진흥위원회의 구성ㆍ운영 등) ① 법 제17조의3제1항제4호에서 "대통령령으로 정하는 사항"이란 다음 각 호의 사항을 말한다. 〈개정 2018. 4. 24., 2019. 9. 10.〉

1. 해외인프라·도시개발사업 지원에 관한 사항

2. 해외건설 금융지원에 관한 사항

3. 그 밖에 해외건설 정책에 관한 사항으로서 법 제17조의3제1항에 따른 해외건설진흥위원회(이하 "위원회"라 한다)의 위원장이 심의에 부치는 사항

② 위원회는 위원장 1명을 포함한 30명 이내의 위원으로 구성한다.

③ 위원장은 국토교통부 제1차관이 되고, 위원은 다음 각 호의 사람이 된다. 〈개정 2019. 9. 10.〉

1. 기획재정부, 외교부, 산업통상자원부, 환경부, 국토교통부, 해양수산부 및 금융위원회의 고위공무원단에 속하는 일반직공무원 중 그 소속 기관의 장이 지명하는 사람 각 1명

2. 해외건설에 관한 전문성과 경험이 풍부한 사람 중에서 위원장이 위촉하는 사람

④ 국토교통부장관은 위원회의 위원(이하 "위원"이라 한다) 명단을 인터넷 홈페이지 등을 통하여 공개하여야 한다.

⑤ 제3항제2호에 따른 위원의 임기는 2년으로 한다.

⑥ 위원장은 위원회의 회의를 소집하고, 그 의장이 된다.

⑦ 위원회의 회의는 재적위원 과반수의 출석으로 개의(開議)하고, 출석위원 과반수의 찬성으로 의결한다.

⑧ 위원회에 간사 1명을 두되, 국토교통부장관이 국토교통부 소속 공무원 중에서 지명한다.

⑨ 법 제17조의2에 따라 출자하거나 투자하는 공공기관은 위원회

에 출석하여 발언할 수 있다.

⑩ 제1항부터 제9항까지에서 규정한 사항 외에 위원회의 구성·운영에 필요한 사항은 위원회의 의결을 거쳐 위원장이 정한다.

[전문개정 2014. 4. 1.]

제20조의4(위원의 제척·기피·회피) ① 위원이 다음 각 호의 어느 하나에 해당하는 경우에는 해당 안건의 심의·의결에서 제척(除斥)된다.

1. 위원이나 그 배우자 또는 배우자였던 사람이 해당 안건의 당사자가 되거나 그 안건의 당사자와 공동권리자 또는 공동의무자인 경우

2. 위원이 해당 안건의 당사자와 친족이거나 친족이었던 경우

3. 위원이 해당 안건에 대하여 자문, 연구, 용역(하도급을 포함한다), 감정 또는 조사를 한 경우

4. 위원이나 위원이 속한 법인·단체 등이 해당 안건의 당사자의 대리인이거나 대리인이었던 경우

5. 위원이 임원 또는 직원으로 재직하고 있거나 최근 3년 내에 재직하였던 기업 등이 해당 안건에 관하여 자문, 연구, 용역(하도급을 포함한다), 감정 또는 조사를 한 경우

② 해당 안건의 당사자는 위원에게 공정한 심의·의결을 기대하기 어려운 사정이 있는 경우에는 위원회에 기피 신청을 할 수 있고, 위원회는 의결로 이를 결정한다. 이 경우 기피 신청의 대상인 위원은 그 의결에 참여하지 못한다.

③ 위원이 제1항 각 호에 따른 제척 사유에 해당하는 경우에는 스스로 해당 안건의 심의·의결에서 회피(回避)하여야 한다.

[전문개정 2014. 4. 1.]

제20조의5(위원의 해촉 등) ① 국토교통부장관은 제20조의3제3항제2호에 따른 위원회의 위원이 다음 각 호의 어느 하나에 해당하는 경우에는 해당 위원을 해촉(解囑)할 수 있다.

1. 심신장애로 인하여 직무를 수행할 수 없게 된 경우

2. 직무와 관련된 비위사실이 있는 경우

3. 직무태만, 품위손상이나 그 밖의 사유로 인하여 위원으로 적합하지 아니하다고 인정되는 경우

4. 제20조의4제1항 각 호의 어느 하나에 해당하는 데에도 불구하고 회피하지 아니한 경우

5. 위원 스스로 직무를 수행하는 것이 곤란하다고 의사를 밝히는 경우

② 제20조의3제3항제1호에 따라 위원을 지명한 자는 해당 위원이 제1항 각 호의 어느 하나에 해당하는 경우에는 그 지명을 철회할 수 있다.

[본조신설 2015. 12. 31.]

제20조의6(분과위원회) ① 위원회는 위원회의 업무를 효율적으로 수행하기 위하여 다음 각 호의 분과위원회(이하 “분과위원회”라 한다)를 둘 수 있다.

1. 해외건설진흥분과위원회: 법 제17조의3제1항제1호부터 제3호까지의 규정 및 이 영 제20조의3제1항제1호 · 제3호에 따른 사항을 심의하기 위한 분과위원회

2. 금융지원분과위원회: 제20조의3제1항제2호에 따른 사항을 심

의하기 위한 분과위원회

② 각 분과위원회는 분과위원장 1명을 포함하여 다음 각 호의 구분에 따른 범위에서 해당 분과위원장이 지명하는 10명 이내의 위원으로 구성한다.

1. 제20조의3제3항제1호의 위원: 3명 이내

2. 제20조의3제3항제2호의 위원: 6명 이상 8명 이내

③ 각 분과위원회의 위원장은 위원회 위원 중에서 위원장이 지명한다.

④ 각 분과위원회에 간사 1명을 두되, 간사는 국토교통부장관이 국토교통부 소속 공무원 중에서 임명한다.

⑤ 제1항부터 제4항까지에서 규정한 사항 외에 분과위원회의 구성·운영에 필요한 사항은 분과위원회의 의결을 거쳐 분과위원장이 정한다.

[본조신설 2019. 9. 10.]

제21조(기술개발비 사용 권고) ① 법 제18조제1항에 따른 기술개발 투자 권고의 기준이 되는 금액은 전년도 계약 실적을 고려하여 국토교통부장관이 정한다.

② 국토교통부장관은 법 제18조제1항에 따라 해외건설사업자에게 수주액의 일부를 기술개발비에 투자하도록 권고할 때에는 연간 해외공사계약 금액의 1천분의 2를 초과하지 아니하는 범위에서 해야 한다. 〈개정 2019. 9. 10.〉

[전문개정 2014. 4. 1.]

제21조의2(응급의료시설의 설치 등) ① 법 제18조의3제1항 본문에

서 "대통령령으로 정하는 규모"란 미화 5억불을 말한다.

② 법 제18조의3제1항 본문에서 "대통령령으로 정하는 거리"란 50킬로미터를 말한다.

③ 법 제18조의3제1항 본문에 따라 갖추어야 하는 응급의료시설 및 의료진의 기준은 다음 각 호와 같다. 〈개정 2025. 6. 20.〉

1. 응급의료시설: 응급환자의 진료를 위한 20제곱미터 이상의 별도 공간을 확보하고, 간단한 처치 및 시술을 위한 병상을 구비할 것

2. 의료진: 「의료법」, 「간호법」 또는 「응급의료에 관한 법률」에 따라 면허 또는 자격을 취득한 의사, 간호사, 응급의료종사자 또는 해당 현장이 속한 국가의 법령에 따라 그에 상응하는 면허 또는 자격을 취득한 사람 1명 이상이 상주할 것

[본조신설 2016. 2. 11.]

제5장 해외건설집합투자기구 〈신설 2016. 2. 11.〉

제22조(영업보고서의 작성·제출) 법 제19조제3항에 따른 해외건설집합투자기구는 법 제19조의2제2항에 따라 「자본시장과 금융투자업에 관한 법률 시행령」 제94조제1항에서 정하는 방법으로 매 분기의 영업보고서를 작성하여 매 분기 종료 후 2개월 이내에 국토교통부장관 및 금융위원회에 제출하여야 한다.

[본조신설 2016. 2. 11.]

제23조(집합투자업자의 투자운용인력) ① 법 제19조의5제1항에서 "자격요건 등 대통령령으로 정하는 해외건설업에 관한 투자운용인력"이란 상근하는 다음 각 호의 투자운용인력을 말한다. 〈개정

2018. 4. 24.〉

1. 다음 각 목의 어느 하나에 해당하는 사람(이하 제2항에서 "해외건설전문 투자운용인력"이라 한다) 2명 이상

가. 「자본시장과 금융투자업에 관한 법률」 제286조제1항제3호다목에 따른 투자운용인력 자격을 갖춘 후 건설공사 또는 엔지니어링활동과 관련된 분야의 투자운용업무에 3년 이상 종사한 경력이 있는 사람

나. 다음의 어느 하나에 해당하는 기관에서 건설공사 또는 엔지니어링활동과 관련된 분야의 투자운용업무에 3년 이상 종사한 경력이 있는 사람

1) 「금융산업의 구조개선에 관한 법률」 제2조제1호에 따른 금융기관(이하 "금융기관"이라 한다)

2) 「한국산업은행법」에 따른 한국산업은행(이하 "한국산업은행"이라 한다)

3) 「한국수출입은행법」에 따른 한국수출입은행(이하 "한국수출입은행"이라 한다)

다. 다음의 어느 하나에 해당하는 자격을 갖춘 후 국토교통부장관이 실시하는 자산운용에 관한 사전교육을 이수한 사람

1) 건설공사 또는 엔지니어링활동과 관련된 업무에 3년 이상 종사한 경력이 있는 사람

2) 「국가기술자격법」에 따른 건설 또는 엔지니어링 직무분야의 산업기사 이상의 자격이 있는 사람

3) 「부동산투자회사법」 제22조제1항 각 호의 어느 하나에 해

당하는 자격을 갖춘 후 같은 조 제2항에 따른 사전교육을 이수한 사람

4) 변호사의 자격이 있는 사람

5) 공인회계사의 자격이 있는 사람

6) 금융기관, 한국산업은행 또는 한국수출입은행에서 건설공사 또는 엔지니어링활동과 관련된 분야의 투자운용업무에 1년 이상 종사한 경력이 있는 사람

7) 그 밖에 건설공사 또는 엔지니어링활동과 관련된 업무에 종사한 경력이 있는 사람으로서 국토교통부장관이 정하는 사람

2. 「자본시장과 금융투자업에 관한 법률」 제286조제1항제3호다목에 따른 투자운용인력 1명 이상

② 법 제19조의5제2항에서 "대통령령으로 정하는 해외건설업에 관한 투자운용인력"이란 상근하는 2명 이상의 해외건설전문 투자운용인력을 말한다.

[본조신설 2016. 2. 11.]

제24조(일반집합투자업자의 업무위탁 등) 일반집합투자업자가 법 제19조의5제3항에 따라 위탁할 수 있는 업무는 다음 각 호와 같다.

1. 해외건설공사에 따른 기술 · 법 제도 · 경제성 분석 등 타당성조사에 대한 업무

2. 해외건설업 또는 해외건설업 관련 투자를 목적으로 설립된 법인 및 그 관계법인(투자시설의 관리 · 운영법인, 투자시설을 통하여 생산된 재화 · 용역의 판매법인, 그 밖에 해외건설업 또는 해외건설업 관련 투자를 목적으로 설립된 법인의 목적 달성을 위하여 설립

된 법인을 말한다)의 매입·매각의 실행 및 운영·관리 업무

[본조신설 2016. 2. 11.]

제25조(성과보수) 법 제19조의5제4항에 따른 보수나 수수료에 관하여는 「자본시장과 금융투자업에 관한 법률」 제86조제2항을 준용한다.

[본조신설 2016. 2. 11.]

제26조(자산운용의 범위) ① 법 제19조의6제2항에서 "대통령령으로 정하는 기간"이란 2년을 말한다.

② 법 제19조의6제2항에서 "대통령령으로 정하는 비율"이란 100분의 50을 말한다.

③ 법 제19조의6제4항제3호에서 "대통령령으로 정하는 한도"란 100분의 30을 말한다.

[본조신설 2016. 2. 11.]

제26조의2(자금 차입의 한도) ① 법 제19조의7제1항 본문에서 "대통령령으로 정하는 비율"이란 100분의 30을 말한다.

② 법 제19조의7제2항에서 "대통령령으로 정하는 비율"이란 100분의 30을 말한다.

[본조신설 2016. 2. 11.]

제6장 해외건설협회

제27조(해외공사 수주협의회의 운영) ① 법 제23조제1항에 따라 설립된 해외건설협회(이하 "협회"라 한다)는 법 제24조제8호의 업무를 수행하기 위하여 필요한 경우에는 해당 해외공사에 대한 수주 활동

을 하고 있는 해외건설사업자가 참여하는 해외공사 수주협의회(이하 "수주협의회"라 한다)를 운영할 수 있다. 〈개정 2019. 9. 10.〉

② 수주협의회의 구성과 운영에 관한 사항은 협회 이사회의 의결을 거쳐 협회 회장이 정한다.

[전문개정 2014. 4. 1.]

제28조(감독) ① 국토교통부장관은 협회의 운영에 관하여 지도·감독한다.

② 국토교통부장관은 필요하다고 인정할 때에는 협회로 하여금 총회와 이사회가 끝난 날부터 5일 이내에 그 결과를 제출하게 할 수 있다.

③ 국토교통부장관은 제2항에 따라 보고된 총회와 이사회 결과가 다음 각 호의 어느 하나에 해당하는 경우에는 그 결과에 대한 시정이나 변경을 명할 수 있다.

1. 법령을 위반하는 경우

2. 해외공사의 수주 질서를 어지럽히는 경우

3. 회원에게 지나친 부담을 주는 등 협회의 설립 목적에 어긋나는 경우

④ 협회는 법 또는 이 영의 규정을 위반하거나 부당한 방법으로 해외공사를 수행하는 자를 발견하였을 때에는 국토교통부장관에게 보고하여야 한다.

[전문개정 2014. 4. 1.]

제7장 한국해외인프라·도시개발지원공사 〈신설 2018. 4. 24.〉

제29조(자본금의 출자) ① 법 제28조의4제2항제4호에서 "대통령령으로 정하는 자"란 다음 각 호의 어느 하나에 해당하는 자를 말한다.

1. 「건설산업기본법」 제54조에 따른 공제조합

2. 「군인공제회법」에 따른 군인공제회

3. 「무역보험법」 제37조에 따른 한국무역보험공사

4. 한국수출입은행

5. 그 밖에 경영하는 사업의 성격, 출자능력 등을 고려하여 국토교통부장관이 정하여 고시하는 자

② 정부는 법 제28조의2에 따른 한국해외인프라·도시개발지원공사(이하 "지원공사"라 한다)의 자본금을 출자하는 경우에는 기획재정부장관이 정하는 납입시기와 방법에 따른다. 〈개정 2019. 9. 10.〉

③ 법 제28조의4제2항제2호부터 제4호까지의 규정에 해당하는 자는 지원공사의 자본금을 출자하는 경우에는 「상법」 및 정관으로 정하는 바에 따른다. 〈신설 2019. 9. 10.〉

[본조신설 2018. 4. 24.]

제29조의2(설립등기) 법 제28조의5제1항에 따른 지원공사의 설립등기사항은 다음 각 호와 같다.

1. 목적

2. 명칭

3. 지원공사가 발행할 주식의 총수

4. 액면주식을 발행하는 경우 1주의 금액

5. 주된 사무소, 지사 및 출장소의 소재지

6. 공고를 하는 방법

7. 자본금의 액

8. 발행주식의 총수, 그 종류와 각종주식의 내용과 수

9. 이사 · 감사의 성명 및 주민등록번호

10. 사장의 성명 · 주민등록번호 및 주소

11. 「상법」 제317조제2항제3호의2, 제3호의3, 제4호, 제6호, 제7호 및 제11호의 사항

[본조신설 2018. 4. 24.]

제29조의3(지사등의 설치등기) 지원공사는 지사 또는 출장소(이하 "지사등"이라 한다)를 설치한 경우에는 설치 후 2주일 이내에 주된 사무소의 소재지에서 설치된 지사등의 명칭, 소재지 및 설치 연월일을 등기해야 한다.

[전문개정 2025. 1. 21.]

제29조의4(이전등기) ① 지원공사는 주된 사무소를 이전한 경우에는 이전 후 2주일 이내에 종전 소재지 또는 새 소재지에서 새 소재지와 이전 연월일을 등기해야 한다.

② 지원공사는 지사등을 이전한 경우에는 이전 후 2주일 이내에 주된 사무소의 소재지에서 새 소재지와 이전 연월일을 등기해야 한다.

[전문개정 2025. 1. 21.]

제29조의5(변경등기) 지원공사는 제29조의2 각 호 또는 제29조의3의 등기사항을 변경한 경우(제29조의4에 따른 이전등기에 해당하는 경우는 제외한다)에는 변경 후 2주일 이내에 주된 사무소의 소재지에서 변경된 사항을 등기해야 한다.

[전문개정 2025. 1. 21.]

제29조의6(등기기간의 기산) 제29조의2부터 제29조의5까지 및 제29조의10에 따른 등기사항 중 국토교통부장관의 인가 또는 승인을 받아야 할 사항이 있는 경우에는 그 인가 또는 승인에 관한 서류가 도달한 날부터 등기기간을 기산한다.

[본조신설 2018. 4. 24.]

제29조의7(등기의 신청인 등) ① 제29조의2부터 제29조의5까지 및 제29조의10에 따른 등기는 지원공사의 사장이 신청하여야 한다.

② 제29조의2부터 제29조의5까지 및 제29조의10에 따른 등기의 신청서에는 각각 그 사유를 증명하는 서류를 첨부하여야 한다.

[본조신설 2018. 4. 24.]

제29조의8(운영위원회의 구성) 법 제28조의8제1항제4호에서 "대통령령으로 정하는 관련 부처의 장"이란 산업통상자원부장관을 말한다.

[본조신설 2018. 4. 24.]

제29조의9(운영위원회의 운영) ① 지원공사의 이사 및 감사는 법 제28조의7에 따른 운영위원회(이하 "운영위원회"라 한다)의 회의에 출석하여 의견을 진술할 수 있다.

② 운영위원회의 회의에 출석한 위원에 대해서는 지원공사의 예산의 범위에서 수당을 지급할 수 있다.

③ 운영위원회의 위원이 다음 각 호의 어느 하나에 해당하는 경우에는 운영위원회의 심의·의결에서 제척된다.

1. 운영위원회의 위원 또는 그 배우자나 배우자였던 사람이 해당

안건의 당사자(법인·단체 등인 경우에는 그 임원을 말한다. 이하 이 항에서 같다)이거나 그 안건의 당사자와 공동권리자 또는 공동의무자인 경우

2. 운영위원회의 위원이 해당 안건의 당사자와 친족이거나 친족이었던 경우

3. 운영위원회의 위원이 해당 안건에 관하여 자문, 연구 또는 용역을 한 경우

4. 운영위원회의 위원이나 운영위원회의 위원이 속한 법인·단체 등이 해당 안건의 대리인이거나 대리인이었던 경우

④ 심의·의결 안건의 당사자는 운영위원회의 위원에게 제3항에 따른 제척사유가 있거나 공정한 심의·의결을 기대하기 어려운 사정이 있는 경우에는 운영위원회에 기피 신청을 할 수 있고, 운영위원회는 의결로 기피 여부를 결정한다. 이 경우 기피 신청의 대상인 운영위원회의 위원은 그 의결에 참여하지 못한다.

⑤ 운영위원회의 위원이 제3항 각 호에 따른 제척사유에 해당하는 경우에는 스스로 해당 안건의 심의·의결에서 회피하여야 한다.

⑥ 운영위원회의 위원의 해촉에 대해서는 제20조의5제1항을 준용한다. 이 경우 "제20조의3제3항제2호에 따른 위원회의 위원"은 "법 제28조의8제1항제5호 및 제6호에 따른 위원"으로, "제20조의4제1항 각 호의 어느 하나"는 "제3항 각 호의 어느 하나"로 본다.

⑦ 제1항부터 제6항까지에서 규정한 사항 외에 운영위원회의 운영에 필요한 세부사항은 운영위원회의 의결을 거쳐 운영위원회의 위원장이 정한다.

[본조신설 2018. 4. 24.]

제29조의10(대리인의 선임) ① 지원공사는 사장이 법 제28조의14제1항에 따라 대리인을 선임한 경우에는 주된 사무소의 소재지에서 2주일 이내에 다음 각 호의 사항을 등기해야 한다. 등기한 사항이 변경된 경우에도 또한 같다. 〈개정 2025. 1. 21.〉

1. 대리인의 성명·주민등록번호 및 주소
2. 대리인의 권한을 제한한 경우에는 그 제한의 내용

② 지원공사의 사장이 법 제28조의14제1항에 따라 지원공사의 업무에 관한 재판상 대리인으로 선임할 수 있는 임직원은 재판에 관련된 업무에 2년 이상 근무한 경력이 있는 사람으로 한정한다.

[본조신설 2018. 4. 24.]

제29조의11(지원공사의 업무) 법 제28조의16제1항제7호에서 "대통령령으로 정하는 업무"란 다음 각 호의 업무를 말한다.

1. 법 제28조의16제1항제1호부터 제6호까지의 업무에 부수되는 업무로서 국토교통부장관의 승인을 받은 업무
2. 지방자치단체 및 「공공기관의 운영에 관한 법률」에 따른 공공기관으로부터 위탁받은 업무로서 국토교통부장관의 승인을 받은 업무
3. 그 밖에 국토교통부장관이 필요하다고 인정한 업무

[본조신설 2018. 4. 24.]

제29조의12(차입) 법 제28조의18제1항에서 "대통령령으로 정하는 자"란 다음 각 호의 어느 하나에 해당하는 자를 말한다.

1. 「국제금융기구에의 가입조치에 관한 법률」 제2조제1항에 따른

국제금융기구

2. 그 밖에 국토교통부장관이 정하여 고시하는 자

[본조신설 2018. 4. 24.]

제8장 감독 〈개정 2018. 4. 24.〉

제30조 삭제 〈1999. 3. 17.〉

제31조 삭제 〈1999. 3. 17.〉

제32조 삭제 〈1999. 3. 17.〉

제33조(대리시공) 국토교통부장관은 법 제33조제1항에 따라 다른 해외건설사업자로 하여금 대리시공을 하게 하려는 경우에는 다음 각 호의 자의 의견을 들어야 한다. 〈개정 2019. 9. 10.〉

1. 대리시공을 할 해외건설사업자
2. 해당 지역을 관할하는 재외공관의 장
3. 기존 시공자의 지정 거래은행장
4. 협회 회장

[전문개정 2014. 4. 1.]

제34조 삭제 〈1999. 3. 17.〉

제35조(권한의 위탁) ① 국토교통부장관은 법 제34조에 따라 다음 각 호의 권한을 협회에 위탁할 수 있다. 〈개정 2019. 9. 10.〉

1. 법 제6조에 따른 해외건설업 신고 수리(受理)
2. 법 제10조에 따른 현지법인 설립 등의 신고 수리
3. 법 제13조에 따른 해외공사 상황의 통보 접수
4. 법 제15조의7제1항에 따른 정보체계의 운영에 관한 업무

② 협회는 제1항 각 호의 업무를 처리하였을 때에는 그 날부터 7일 이내에 국토교통부장관에게 그 결과를 보고하여야 한다.

③ 국토교통부장관은 제1항제4호의 업무 수행에 필요한 경우 협회에 행정적·재정적 지원을 할 수 있다. 〈신설 2019. 9. 10.〉

[전문개정 2014. 4. 1.]

제35조의2(규제의 재검토) 국토교통부장관은 다음 각 호의 사항에 대하여 다음 각 호의 기준일을 기준으로 3년마다(매 3년이 되는 해의 기준일과 같은 날 전까지를 말한다) 그 타당성을 검토하여 개선 등의 조치를 하여야 한다. 〈개정 2019. 9. 10.〉

1. 제6조에 따른 해외건설업의 신고 등: 2014년 1월 1일
2. 제13조에 따른 현지법인현황의 신고: 2014년 1월 1일
3. 제17조에 따른 해외공사 상황의 통보: 2014년 1월 1일

[본조신설 2013. 12. 30.]

제36조(과태료의 부과기준) 법 제41조제1항 및 제2항에 따른 과태료의 부과기준은 별표 4와 같다. 〈개정 2018. 9. 4.〉

[전문개정 2014. 4. 1.]

부칙 〈제14066호, 1993. 12. 31.〉

제1조 (시행일) 이 영은 1994년 1월 1일부터 시행한다.

제2조 (해외건설업자에 대한 경과조치) 이 영 시행당시 종전의 규정에 의하여 해외건설업의 면허를 받은 자로서 별표 2와 별표 3의 등록신청자격 및 등록기준에 적합하지 아니한 자는 1994년 6월 30일까지 별표 2와 별표 3의 등록신청자격 및 등록기준을 갖추어야 한다.

제3조 (기금에 대한 경과조치) ①이 영 시행당시 종전의 규정에 의하여 협회가 수립한 1994년도 기금운용계획은 건설부장관이 수립·확정한 기금운용계획으로 본다.

②협회는 1993회계연도의 기금의 결산보고서를 종전의 규정에 의하여 1994년 2월28일 기준으로 작성하여 1월이내에 건설부장관에게 보고하여야 하며, 기금의 1994년도 회계기간은 1994년 3월 1일부터 1994년 12월 31일로 한다.

제4조 (해외건설업의 업종에 관한 경과조치) 이 영 시행당시 종전의 규정에 의하여 건설용역업의 면허를 받은 자는 건설엔지니어링업의 등록을 한 자로, 해외공사수주업의 면허를 받은 자는 해외공사수주 및 개발업의 등록을 한 자로 본다.

부칙 〈제14438호, 1994. 12. 23.〉 (재정경제원과그소속기관직제)

제1조 (시행일) 이 영은 공포한 날부터 시행한다.

제2조 내지 제5조 생략

부칙 〈제14447호, 1994. 12. 23.〉 (건설교통부와그소속기관직제)

제1조 (시행일) 이 영은 공포한 날부터 시행한다. 〈단서 생략〉

제2조 내지 제5조 생략

부칙 〈제15296호, 1997. 2. 28.〉 (대외무역법시행령)

제1조 (시행일) 이 영은 1997년 3월 1일부터 시행한다.
제2조 내지 제7조 생략

부칙 〈제15581호, 1997. 12. 31.〉 (정보통신공사업법시행령)
제1조 (시행일) 이 영은 1998년 1월 1일부터 시행한다. 〈단서 생략〉
제2조 내지 제7조 생략

부칙 〈제15844호, 1998. 7. 25.〉
①(시행일) 이 영은 공포한 날부터 시행한다.
②(해외건설업의 업종변경에 따른 경과조치) 이 영 시행당시 종전의 규정에 의하여 등록한 다음 표의 왼쪽란의 해외건설업은 다음 표의 오른쪽란의 해외건설업을 각각 등록한 것으로 보며, 종전의 규정에 의하여 교부된 해외건설업등록증은 이를 새로이 교부받을 때까지는 이 영의 규정에 의하여 교부받은 것으로 본다. 이 경우 종전의 규정에 의하여 특수공사업의 등록을 한 자는 이 영 시행후 최초의 갱신등록을 하는 때까지 별표 2의 규정에 의한 등록신청자격과 별표 3의 규정에 의한 등록기준을 갖추어야 한다.

종전의 규정에 의한 해외건설업	이 영에 의한 해외건설업
특수공사업	일반건설업(산업설비공사업). 다만, 산업설비공사업의 등록신청자격과 등록기준을 갖출 때까지는 영업내용중 환경오염방지시설공사업과 관련된 것을 제외한다.

조경공사업	일반건설업(조경공사업)

③(감사의 임기변경에 관한 경과조치) 이 영 시행당시 재임중인 감사의 임기는 제27조제3항의 개정규정에 불구하고 종전의 규정에 의한다.

부칙 〈제16081호, 1998. 12. 31.〉 (한국석유공사법시행령)

제1조 (시행일) 이 영은 1999년 1월 1일부터 시행한다.

제2조 생략

부칙 〈제16188호, 1999. 3. 17.〉

①(시행일) 이 영은 공포한 날부터 시행한다.

②(과태료에 관한 경과조치) 이 영 시행전의 행위에 대한 과태료의 적용에 있어서는 종전의 규정에 의한다.

부칙 〈제16953호, 2000. 8. 17.〉 (환경기술개발및지원에관한법률시행령)

제1조 (시행일) 이 영은 공포한 날부터 시행한다. 〈단서 생략〉

제2조 내지 제4조 생략

부칙 〈제17186호, 2001. 3. 31.〉 (대외무역법시행령)

제1조 (시행일) 이 영은 공포한 날부터 시행한다.

제2조 (다른 법령의 개정) ①생략

②해외건설촉진법시행령중 다음과 같이 개정한다.

제8조제1호를 다음과 같이 한다.

1. 대외무역법시행령 제30조제1항의 규정에 의하여 무역업고유번호를 부여받은 자

③내지 ⑤생략

부칙 〈제18312호, 2004. 3. 17.〉 (전자적민원처리를위한가석방자관리규정등중개정령)

이 영은 공포한 날부터 시행한다.

부칙 〈제19463호, 2006. 4. 28.〉 (한국농촌공사 및 농지관리기금법 시행령)

제1조 (시행일) 이 영은 2006년 4월 30일부터 시행한다.

제2조 (다른 법령의 개정) ①내지 ㊲생략

㊳해외건설촉진법시행령 일부를 다음과 같이 개정한다.

제10조제2호를 다음과 같이 한다.

2. 「한국농촌공사 및 농지관리기금법」에 따른 한국농촌공사

㊴내지 ㊶생략

제3조 생략

부칙 〈제20257호, 2007. 9. 10.〉 (대외무역법 시행령)

제1조 (시행일) 이 영은 공포한 날부터 시행한다.

제2조 생략

제3조 (다른 법령의 개정) ① 부터 ⑥ 까지 생략

⑦해외건설촉진법시행령 일부를 다음과 같이 개정한다.

제8조제1호 중 "대외무역법시행령 제30조제1항의 규정에 의하여"를 "「대외무역법 시행령」 제21조제1항에 따라"로 한다.

제17조제1항 각 호 외의 부분 단서 중 "대외무역법 제22조제3항의 규정에 의하여"를 "「대외무역법」 제32조제3항에 따라"로 한다.

⑧ 및 ⑨ 생략

제4조 생략

부칙 〈제20506호, 2007. 12. 31.〉 (전자적 업무처리의 활성화를 위한 국유재산법 시행령 등 일부개정령)

이 영은 공포한 날부터 시행한다.

부칙 〈제20722호, 2008. 2. 29.〉 (국토해양부와 그 소속기관 직제)

제1조(시행일) 이 영은 공포한 날부터 시행한다. 다만, 부칙 제6조에 따라 개정되는 대통령령 중 이 영의 시행 전에 공포되었으나 시행일이 도래하지 아니한 대통령령을 개정한 부분은 각각 해당 대통령령의 시행일부터 시행한다.

제2조 부터 제5조까지 생략

제6조(다른 법령의 개정) ① 부터 〈134〉 까지 생략

〈135〉 해외건설촉진법시행령 일부를 다음과 같이 개정한다.

제6조제1항 각 호 외의 부분 · 제3항 중 "건설교통부령"을 "국토

해양부령"으로 한다.

제6조제1항 각 호 외의 부분 · 제2항, 제7조제2항, 제10조제7호, 제13조, 제17조제1항 각 호 외의 부분 본문 · 각 호 외의 부분 단서 · 제2항 각 호 외의 부분 단서, 제20조제1항 각 호 외의 부분, 제21조제1항 · 제2항, 제28조제1항부터 제4항까지, 제33조 각 호 외의 부분, 제35조제1항 각 호 외의 부분 · 제2항 및 제36조제1항 · 제2항 전단 · 제3항 단서 중 "건설교통부장관"을 각각 "국토해양부장관"으로 한다.

〈136〉 부터 〈138〉 까지 생략

부칙 〈제21563호, 2009. 6. 25.〉

제1조(시행일) 이 영은 2009년 6월 26일부터 시행한다.

제2조(경과조치) 이 영 시행 전의 위반행위에 대하여 과태료를 적용할 때에는 개정규정에 따른다.

부칙 〈제21565호, 2009. 6. 26.〉 (한국농어촌공사 및 농지관리기금법 시행령)

제1조(시행일) 이 영은 2009년 6월 30일부터 시행한다. 다만, · · · 〈생략〉 · · · 부칙 제3조는 공포한 날부터 시행한다.

제2조 생략

제3조(다른 법령의 개정) ① 부터 ㊺ 까지 생략

㊻ 해외건설촉진법시행령 일부를 다음과 같이 개정한다.

제10조제2호를 다음과 같이 한다.

2. 「한국농어촌공사 및 농지관리기금법」에 따른 한국농어촌공사

㊼ 및 ㊽ 생략

제4조 생략

부칙 〈제21744호, 2009. 9. 21.〉 (한국토지주택공사법 시행령)

제1조(시행일) 이 영은 2009년 10월 1일부터 시행한다.

제2조 및 제3조 생략

제4조(다른 법령의 개정) ① 부터 〈52〉 까지 생략

〈53〉 해외건설촉진법 시행령 일부를 다음과 같이 개정한다.

제10조제3호를 다음과 같이 하고, 같은 조 제8호를 삭제한다.

3. 「한국토지주택공사법」에 따른 한국토지주택공사

〈54〉 생략

제5조 생략

부칙 〈제22220호, 2010. 6. 28.〉 (무역보험법 시행령)

제1조(시행일) 이 영은 2010년 7월 6일부터 시행한다.

제2조(다른 법령의 개정) ① 부터 ⑬ 까지 생략

⑭ 해외건설촉진법 시행령 일부를 다음과 같이 개정한다.

제19조제1항제2호 중 "수출보험"을 "무역보험"으로 한다.

제3조 생략

부칙 〈제22615호, 2011. 1. 4.〉

이 영은 공포한 날부터 시행한다.

부칙 〈제22626호, 2011. 1. 17.〉 (엔지니어링산업 진흥법 시행령)

제1조(시행일) 이 영은 공포한 날부터 시행한다.

제2조 부터 제4조까지 생략

제5조(다른 법령의 개정) ①부터 ㊳까지 생략

㊴ 해외건설촉진법 시행령 일부를 다음과 같이 개정한다.

별표 2 종합건설업란의 제5호 및 같은 표 건설엔지니어링란의 제1호 중 "「엔지니어링기술 진흥법」에 따른 엔지니어링활동주체"를 각각 "「엔지니어링산업 진흥법」에 따른 엔지니어링사업자"로 한다.

제6조 생략

부칙 〈제22897호, 2011. 4. 6.〉

제1조(시행일) 이 영은 공포한 날부터 시행한다.

제2조(과태료에 관한 경과조치) ① 이 영 시행 전의 위반행위에 대하여 과태료의 부과기준을 적용할 때에는 제36조 및 별표 5의 개정규정에도 불구하고 종전의 규정에 따른다.

② 이 영 시행 전의 위반행위로 받은 과태료 부과처분은 별표 5의 개정규정에 따른 위반행위의 횟수 산정에 포함하지 아니한다.

부칙 〈제23956호, 2012. 7. 17.〉

제1조(시행일) 이 영은 2012년 7월 18일부터 시행한다.

제2조(장기 해외건설진흥계획에 관한 경과조치) 이 영 시행 전에 수립된 장기 해외건설진흥계획은 2014년 12월 31일까지 제4조제1항

및 제5항의 개정규정에 따른 장기 해외건설진흥기본계획으로 본다.

제3조(해외건설심의위원회에 관한 경과조치) 이 영 시행 당시 종전의 규정에 따른 해외건설심의위원회는 제20조의3제1항의 개정규정에 따른 해외건설진흥위원회로 본다.

제4조(해외건설심의위원회의 위원에 관한 경과조치) 이 영 시행 당시 종전의 규정에 따라 지명 또는 위촉된 해외건설심의위원회의 위원은 제20조의3제3항의 개정규정에 따라 해외건설진흥위원회의 위원으로 지명 또는 위촉된 것으로 보며, 위촉된 위원의 임기는 위촉 당시에 정한 임기만료일까지로 한다.

부칙 〈제24443호, 2013. 3. 23.〉 (국토교통부와 그 소속기관 직제)

제1조(시행일) 이 영은 공포한 날부터 시행한다. 〈단서 생략〉

제2조 부터 제5조까지 생략

제6조(다른 법령의 개정) ①부터 〈103〉까지 생략

〈104〉 해외건설촉진법 시행령 일부를 다음과 같이 개정한다.

제4조제4항부터 제6항까지, 제6조제1항 각 호 외의 부분, 같은 조 제2항, 제7조제2항, 제10조제2항, 제13조, 제17조제1항 각 호 외의 부분 본문·단서, 같은 조 제2항 각 호 외의 부분 단서, 제19조제1항제4호, 제19조의2제1항제5호, 제20조제1항 각 호의 외의 부분 본문, 같은 조 제2항, 제20조의3제4항·제8항, 제21조제1항·제2항, 제28조제1항·제2항, 같은 조 제3항 각 호 외의 부분, 같은 조 제4항, 제33조 각 호 외의 부분, 제35조제1항 각 호 외의 부분,

같은 조 제2항 및 별표 3 제18호 중 “국토해양부장관”을 각각 “국토교통부장관”으로 한다.

제6조제1항 각 호 외의 부분 및 같은 조 제3항 중 “국토해양부령”을 각각 “국토교통부령”으로 한다.

제20조의3제3항 각 호 외의 부분 및 같은 조 제8항 중 “국토해양부”를 각각 “국토교통부”로 한다.

제20조의3제3항제1호 중 “교육과학기술부”를 “교육부”로, “외교통상부”를 “외교부”로, “농림수산식품부”를 “농림축산식품부”로, “지식경제부”를 “산업통상자원부”로, “국토해양부”를 “국토교통부, 해양수산부”로 한다.

〈105〉부터 〈146〉까지 생략

부칙 〈제25050호, 2013. 12. 30.〉 (행정규제기본법 개정에 따른 규제 재검토기한 설정을 위한 주택법 시행령 등 일부개정령)

이 영은 2014년 1월 1일부터 시행한다. 〈단서 생략〉

부칙 〈제25168호, 2014. 2. 11.〉

이 영은 2014년 2월 14일부터 시행한다. 다만, 제8조제3호, 별표 1 제6호나목 및 별표 2 제6호라목의 개정규정은 2014년 5월 23일부터 시행한다.

부칙 〈제25292호, 2014. 4. 1.〉

이 영은 공포한 날부터 시행한다. 다만, 대통령령 제25168호 해외건설촉진법 시행령 일부개정령 제8조제3호의 개정규정은 2014년 5월 23일부터 시행한다.

부칙 〈제26302호, 2015. 6. 1.〉 (공간정보의 구축 및 관리 등에 관한 법률 시행령)

제1조(시행일) 이 영은 2015년 6월 4일부터 시행한다.

제2조(다른 법령의 개정) ①부터 〈52〉까지 생략

〈53〉 해외건설 촉진법 시행령 일부를 다음과 같이 개정한다.

제8조제4호 중 "「측량 · 수로조사 및 지적에 관한 법률」"을 "「공간정보의 구축 및 관리 등에 관한 법률」"로 한다.

〈54〉 생략

제3조 생략

부칙 〈제26844호, 2015. 12. 31.〉 (행정기관 소속 위원회 운영의 공정성 및 책임성 강화를 위한 국민건강보험법 시행령 등 일부개정령)

이 영은 공포한 날부터 시행한다.

부칙 〈제26976호, 2016. 2. 11.〉

이 영은 2016년 2월 12일부터 시행한다. 다만, 제21조의2 및 별표 4 제2호의 개정규정은 2016년 8월 12일부터 시행한다.

부칙 〈제27444호, 2016. 8. 11.〉 (주택법 시행령)

제1조(시행일) 이 영은 2016년 8월 12일부터 시행한다.
제2조 부터 제6조까지 생략
제7조(다른 법령의 개정) ①부터 〈72〉까지 생략
〈73〉 해외건설 촉진법 시행령 일부를 다음과 같이 개정한다.
제8조제5호 중 "「주택법」 제9조"를 "「주택법」 제4조"로 한다.
〈74〉 및 〈75〉 생략
제8조 생략

부칙 〈제28828호, 2018. 4. 24.〉

제1조(시행일) 이 영은 2018년 4월 25일부터 시행한다.
제2조(연도별 해외건설추진계획에 관한 적용례) 제4조제2항제4호의 개정규정은 이 영 시행 이후 수립하는 연도별 해외건설추진계획부터 적용한다.

부칙 〈제29137호, 2018. 9. 4.〉

이 영은 공포한 날부터 시행한다.

부칙 〈제30075호, 2019. 9. 10.〉

제1조(시행일) 이 영은 공포한 날부터 시행한다.
제2조(다른 법령의 개정) ① 건축사법 시행령 일부를 다음과 같이 개정한다.
별표 1의 1등급의 경력구분란 제2호나목 중 "해외건설업자"를 "해외건설사업자"로 한다.

② 국유재산법 시행령 일부를 다음과 같이 개정한다.

별표 1에 제30호를 다음과 같이 신설한다.

30. 「해외건설 촉진법」에 따른 한국해외인프라·도시개발지원공사

부칙 〈제30337호, 2020. 1. 7.〉 (건설기술 진흥법 시행령)

제1조(시행일) 이 영은 공포한 날부터 시행한다.

제2조(다른 법령의 개정) ①부터 ⑮까지 생략

⑯ 해외건설 촉진법 시행령 일부를 다음과 같이 개정한다.

제8조제3호 중 "건설기술용역업자"를 "건설기술용역사업자"로 한다.

부칙 〈제30423호, 2020. 2. 18.〉 (건설산업기본법 시행령)

제1조(시행일) 이 영은 공포한 날부터 시행한다.

제2조 부터 제4조까지 생략

제5조(다른 법률의 개정) ①부터 ⑲까지 생략

⑳ 해외건설 촉진법 시행령 일부를 다음과 같이 개정한다.

제19조제2항제2호 및 제19조의3제2항제2호 중 "건설업자단체"를 각각 "건설사업자단체"로 한다.

부칙 〈제30687호, 2020. 5. 19.〉

이 영은 2021년 1월 1일부터 시행한다.

부칙 〈제31012호, 2020. 9. 10.〉 (국가철도공단법 시행령)

제1조(시행일) 이 영은 2020년 9월 10일부터 시행한다.

제2조(다른 법령의 개정) ①부터 ㉚까지 생략

㉛ 해외건설 촉진법 시행령 일부를 다음과 같이 개정한다.

별표 3 제9호를 다음과 같이 한다.

9. 「국가철도공단법」에 따른 국가철도공단

㉜ 생략

제3조 생략

부칙 〈제31380호, 2021. 1. 5.〉 (어려운 법령용어 정비를 위한 473개 법령의 일부개정에 관한 대통령령)

이 영은 공포한 날부터 시행한다. 〈단서 생략〉

부칙 〈제31438호, 2021. 2. 9.〉 (해양조사와 해양정보 활용에 관한 법률 시행령)

제1조(시행일) 이 영은 2021년 2월 19일부터 시행한다.

제2조 및 제3조 생략

제4조(다른 법령의 개정) ①부터 ⑯까지 생략

⑰ 해외건설 촉진법 시행령 일부를 다음과 같이 개정한다.

제3조제2호 중 "수로조사"를 "해양조사"로 한다.

제8조제4호 중 "같은 법 제54조에 따라 등록한 수로사업자"를 "「해양조사와 해양정보 활용에 관한 법률」 제30조에 따라 등록한 해양조사·정보업자(해양정보서비스업을 등록한 자는 제외한다)"로 한다.

제5조 생략

부칙 〈제31961호, 2021. 8. 31.〉 (한국광해광업공단법 시행령)

제1조(시행일) 이 영은 2021년 9월 10일부터 시행한다.

제2조 및 제3조 생략

제4조(다른 법령의 개정) ①부터 ㉕까지 생략

㉖ 해외건설 촉진법 시행령 일부를 다음과 같이 개정한다.

별표 3 제16호를 다음과 같이 한다.

16. 「한국광해광업공단법」에 따른 한국광해광업공단

㉗부터 ㉙까지 생략

제5조 생략

부칙 〈제31986호, 2021. 9. 14.〉 (건설기술 진흥법 시행령)

제1조(시행일) 이 영은 공포한 날부터 시행한다. 〈단서 생략〉

제2조 생략

제3조(다른 법령의 개정) ①부터 ㉕까지 생략

㉖ 해외건설 촉진법 시행령 일부를 다음과 같이 개정한다.

제8조제3호 중 "건설기술용역사업자"를 "건설엔지니어링사업자"로 하고, 별표 1 제6호나목 중 "건설기술용역"을 "건설엔지니어링"으로 하며, 별표 2 제6호라목 중 "건설기술용역업"을 "건설엔지니어링업"으로 한다.

부칙 〈제32213호, 2021. 12. 14.〉

이 영은 공포 후 1개월이 경과한 날부터 시행한다.

부칙 〈제35228호, 2025. 1. 21.〉 (법인 등기규정 정비를 위한 78개 법령의 일부개정에 관한 대통령령)

이 영은 2025년 1월 31일부터 시행한다.

부칙 〈제35597호, 2025. 6. 20.〉 (간호법 시행령)

제1조(시행일) 이 영은 2025년 6월 21일부터 시행한다. 〈단서 생략〉

제2조 및 제3조 생략

제4조(다른 법령의 개정) ①부터 ㉓까지 생략

㉔ 해외건설 촉진법 시행령 일부를 다음과 같이 개정한다.

제21조의2제3항제2호 중 "「의료법」"을 "「의료법」, 「간호법」"으로 한다.

제5조 생략

별표 / 서식

[별표 1] 해외건설업의 영업의 종류(제5조제1항 관련)

[별표 2] 해외건설업의 신고자격(제5조제2항 관련)

[별표 3] 해외건설업 신고면제대상 공공기관(제10조제1항 관련)

[별표 3의2] 해외공사 상황의 통보대상 및 통보기한(제17조제1항 관련)

[별표 4] 과태료의 부과기준(제36조 관련)

[별표 5] 삭제 〈2014.4.1〉

해외건설 촉진법 시행규칙

[시행 2021. 8. 27.] [국토교통부령 제882호, 2021. 8. 27., 타법개정]

제1조(목적)
제2조(해외건설업신고서)
제3조(해외건설업신고대장)
제4조(해외건설업 신고확인증)
제5조삭 제
제6조(변경신고)
제7조삭 제
제8조(현지법인설립신고서)
제9조삭 제
제10조삭 제
제11조(수주활동 현황의 통보)
제12조삭 제
제13조(계약 체결 결과의 통보)
제14조(해외공사 실적의 통보)
제15조(시공 경과의 통보)
제16조삭 제
제17조(준공 결과의 통보)
제18조(공사내용 변경 및 각종 사고의 통보 내용)
제19조삭 제
제20조삭 제
제21조삭 제
제22조삭 제
제23조삭 제
제24조삭 제

**개정 예정 법률 밑줄 별도 표시.

해외건설 촉진법 시행규칙

[시행 2021. 8. 27.] [국토교통부령 제882호, 2021. 8. 27., 타법개정]

제1조(목적) 이 규칙은 「해외건설 촉진법」 및 같은 법 시행령에서 위임된 사항과 그 시행에 필요한 사항을 규정함을 목적으로 한다. 〈개정 2016. 7. 29.〉

제2조(해외건설업신고서) ①「해외건설 촉진법 시행령」(이하 "영"이라 한다) 제6조제1항의 규정에 의한 해외건설업신고서(전자문서로 된 신고서를 포함한다)는 별지 제1호서식과 같다. 〈개정 2004. 11. 29., 2016. 7. 29.〉

②제1항의 해외건설업신고서에는 「해외건설 촉진법」(이하 "법"이라 한다) 제6조제2항 각 호의 어느 하나에 해당하는 자임을 증명하는 서류(전자문서를 포함한다)를 첨부하여야 한다. 이 경우 국토교통부장관은 「전자정부법」 제36조제1항에 따라 행정정보의 공동이용을 통하여 사업자등록증 및 「출입국관리법」 제88조에 따른 외국인등록사실증명(신고인이 외국인인 경우에 한정한다)을 확인하여야 하며, 신고인이 확인에 동의하지 아니하는 경우에는 해당서류(사업자등록증의 경우에는 그 사본을 말한다)를 첨부하도록 하여야 한다. 〈개정 2006. 8. 7., 2011. 4. 11., 2013. 3. 23., 2016. 7. 29.〉

[전문개정 1999. 3. 12.]

제3조(해외건설업신고대장) 영 제6조제2항의 규정에 의한 해외건설업신고대장은 별지 제2호서식에 의한다. 〈개정 1999. 3. 12.〉

제4조(해외건설업 신고확인증) ①법 제6조제4항에 따른 해외건설업 신고확인증은 별지 제3호서식과 같다. 〈개정 2014. 2. 14.〉

②영 제6조제3항에 따라 해외건설업 신고확인증의 재발급을 받으려는 자는 별지 제4호서식의 신청서를 국토교통부장관에게 제출하여야 한다. 〈개정 2008. 3. 14., 2013. 3. 23., 2014. 2. 14.〉

[전문개정 1999. 3. 12.]

[제목개정 2014. 2. 14.]

제5조 삭제 〈1999. 3. 12.〉

제6조(변경신고) ①영 제7조제2항에 따른 신고사항변경신고서(전자문서로 된 신고서를 포함한다)는 별지 제1호서식과 같다. 〈개정 1999. 3. 12., 2004. 11. 29., 2014. 2. 14.〉

②제1항의 신고사항변경신고서에는 해외건설업 신고확인증을 첨부하여야 한다. 이 경우 국토교통부장관은 「전자정부법」 제36조제1항에 따른 행정정보의 공동이용을 통하여 사업자등록증을 확인하여야 하며, 신고인이 확인에 동의하지 아니하는 경우에는 사업자등록증 사본을 첨부하도록 하여야 한다. 〈개정 2006. 8. 7., 2011. 4. 11., 2013. 3. 23., 2014. 2. 14.〉

제7조 삭제 〈1999. 3. 12.〉

제8조(현지법인설립신고서) 영 제13조의 규정에 의한 현지법인설립(인수)신고서는 별지 제7호서식과 같다.

제9조 삭제 〈1999. 3. 12.〉

제10조 삭제 〈1999. 3. 12.〉

제11조(수주활동 현황의 통보) ① 영 별표 3의2 제1호가목에 따른 수주활동 현황의 통보는 별지 제11호서식에 따른다. 〈개정 2019. 9. 10., 2020. 6. 10.〉

②제1항에 따른 통보서에는 다음 각 호의 서류를 첨부해야 한다. 〈개정 2019. 9. 10.〉

1. 입찰초청서 또는 입찰공고문(입찰일을 명시해야 한다)
2. 개발형공사의 경우에는 기본사업계획안

[제목개정 2020. 6. 10.]

제12조 삭제 〈1998. 8. 11.〉

제13조(계약 체결 결과의 통보) ① 영 별표 3의2 제1호나목에 따른 계약 체결 결과의 통보는 별지 제13호서식에 따른다. 〈개정 2019. 9. 10., 2020. 6. 10.〉

②제1항에 따른 통보서에는 다음 각 호의 서류를 첨부해야 한다. 〈개정 1998. 8. 11., 2019. 9. 10., 2021. 3. 31.〉

1. 삭제 〈1998. 8. 11.〉
2. 삭제 〈2014. 12. 31.〉
3. 계약서(둘 이상의 사업자가 공동으로 수주하여 계약을 체결한 경우에는 참여자별 지분율을 확인할 수 있는 계약서를 말한다) 사본. 다만, 개발형공사인 경우에는 진출국이 발행한 사업승인서

[제목개정 2019. 9. 10.]

제14조(해외공사 실적의 통보) 영 별표 3의2 제1호다목에 따른 해외

공사 실적의 통보는 별지 제16호서식에 따른다. 〈개정 2020. 6. 10.〉

[전문개정 2019. 9. 10.]

제15조(시공 경과의 통보) 영 별표 3의2 제2호가목에 따른 시공 경과의 통보는 별지 제16호서식에 따른다.

[전문개정 2020. 6. 10.]

제16조 삭제 〈1999. 3. 12.〉

제17조(준공 결과의 통보) 영 별표 3의2 제2호나목에 따른 준공 결과의 통보는 별지 제16호서식에 따른다.

[전문개정 2020. 6. 10.]

제18조(공사내용 변경 및 각종 사고의 통보 내용) ①영 별표 3의2 제2호다목에 따른 공사내용 변경의 통보에는 다음 각 호의 사항이 포함되어야 한다. 〈개정 2019. 9. 10., 2020. 6. 10.〉

1. 공사명
2. 변경내용
3. 변경일

②영 별표 3의2 제2호라목에 따른 각종 사고의 통보에는 다음 각 호의 사항이 포함되어야 한다. 〈개정 2019. 9. 10., 2020. 6. 10.〉

1. 일시
2. 장소 및 관련공사명
3. 관련자
4. 사고내용(피해상황을 포함한다)
5. 사고발생원인

[제목개정 2019. 9. 10.]

제19조 삭제 〈1999. 3. 12.〉

제20조 삭제 〈1999. 3. 12.〉

제21조 삭제 〈1998. 8. 11.〉

제22조 삭제 〈1998. 8. 11.〉

제23조 삭제 〈1999. 3. 12.〉

제24조 삭제 〈2014. 2. 14.〉

부칙 〈제543호, 1993. 12. 31.〉

이 규칙은 1994년 1월 1일부터 시행한다.

부칙 〈제145호, 1998. 8. 11.〉

이 규칙은 공포한 날부터 시행한다.

부칙 〈제175호, 1999. 3. 12.〉

이 규칙은 공포한 날부터 시행한다.

부칙 〈제411호, 2004. 11. 29.〉 (전자적민원처리를위한개발제한구역의지정및관리에관한특별조치법시행규칙등중개정령)

이 규칙은 공포한 날부터 시행한다.

부칙 〈제530호, 2006. 8. 7.〉 (행정정보의 공동이용 및 문서감축을 위한 개발이익환수에관한법률시행규칙 등 일부개정령)

이 규칙은 공포한 날부터 시행한다.

부칙 〈제4호, 2008. 3. 14.〉 (정부조직법의 개정에 따른 감정평가에 관한 규칙 등 일부개정령)
이 규칙은 공포한 날부터 시행한다.

부칙 〈제350호, 2011. 4. 11.〉 (행정정보의 공동이용 및 문서감축을 위한 개발이익 환수에 관한 법률 시행규칙 등 일부개정령)
이 규칙은 공포한 날부터 시행한다.

부칙 〈제1호, 2013. 3. 23.〉 (국토교통부와 그 소속기관 직제 시행규칙)
제1조(시행일) 이 규칙은 공포한 날부터 시행한다. 〈단서 생략〉
제2조 부터 제5조까지 생략
제6조(다른 법령의 개정) ①부터 〈124〉까지 생략
〈125〉 해외건설촉진법시행규칙 일부를 다음과 같이 개정한다.
제2조제2항 후단, 제4조제2항, 제6조제2항 후단, 별지 제7호서식, 별지 제11호서식, 별지 제13호서식 및 별지 제20호서식 중 "국토해양부장관"을 각각 "국토교통부장관"으로 한다.
별지 제1호서식 앞쪽 ⑨면허·등록일자 및 번호란의 다음 란 및 같은 쪽의 구비서류란 중 "국토해양부장관"을 각각 "국토교통부장관"으로 하고, 같은 서식 뒤쪽의 처리기관란 중 "국토해양부"를 "국토교통부"로 한다.
별지 제3호서식의 앞쪽 중 "국토해양부장관"을 "국토교통부장관"으로, "Minister for Construction and Transportation"을

“Minister of Land, Infrastructure and Transport”로 한다.

별지 제4호서식의 앞쪽 중 “국토해양부장관”을 “국토교통부장관”으로 하고, 같은 서식 뒤쪽의 처리기관란 중 “국토해양부”를 “국토교통부”로 한다.

별지 제5호서식의 앞쪽 및 같은 서식 뒤쪽의 구비서류란 중 “국토해양부장관”을 각각 “국토교통부장관”으로 하고, 같은 쪽의 처리기관란 중 “국토해양부”를 “국토교통부”로 한다.

〈126〉 생략

부칙 〈제75호, 2014. 2. 14.〉

이 규칙은 2014년 2월 14일부터 시행한다.

부칙 〈제171호, 2014. 12. 31.〉

이 규칙은 공포한 날부터 시행한다.

부칙 〈제346호, 2016. 7. 29.〉

이 규칙은 2016년 8월 12일부터 시행한다.

부칙 〈제650호, 2019. 9. 10.〉

이 규칙은 공포한 날부터 시행한다.

부칙 〈제737호, 2020. 6. 10.〉

이 규칙은 2021년 1월 1일부터 시행한다.

부칙 〈제834호, 2021. 3. 31.〉

제1조(시행일) 이 규칙은 공포한 날부터 시행한다.

제2조(해외공사 계약 체결 결과의 통보에 관한 적용례) 제13조제2항제3호 및 별지 제13호서식의 개정규정은 이 규칙 시행 이후 해외공사 계약을 체결하는 경우부터 적용한다.

부칙 〈제882호, 2021. 8. 27.〉 (어려운 법령용어 정비를 위한 80개 국토교통부령 일부개정령)

이 규칙은 공포한 날부터 시행한다. 〈단서 생략〉

별표 / 서식

[별표 1] 삭제 〈1999.3.12〉

[별표 2] 삭제 〈1999.3.12〉

[별지 제1호서식] 해외건설업신고서(신규, 변경)

[별지 제2호서식] 해외건설업신고대장

[별지 제3호서식] 해외건설업 신고확인증

[별지 제4호서식] 해외건설업 신고확인증 재발급 신청서

[별지 제5호서식] 삭제 〈2014.2.14〉

[별지 제6호서식] 삭제 〈1999.3.12〉

[별지 제7호서식] 현지법인설립(인수)신고서

[별지 제8호서식] 삭제 〈1999.3.12〉

[별지 제9호서식] 삭제 〈1999.3.12〉

[별지 제10호서식] 삭제 〈1999.3.12〉

[별지 제11호서식] 해외공사 수주활동 현황의 통보

[별지 제12호서식] 삭제 〈1998.8.11〉

[별지 제13호서식] 해외공사 계약 체결 결과의 통보

[별지 제14호서식] 삭제 〈1998.8.11〉

[별지 제15호서식] 삭제 〈2014.12.31.〉

[별지 제16호서식] 해외공사(실적, 시공 경과, 준공 결과)의 통보

[별지 제17호서식] 삭제 〈1998.8.11〉

[별지 제18호서식] 삭제 〈2020. 6. 10.〉

[별지 제19호서식] 삭제 〈1999.3.12〉

[별지 제20호서식] 삭제 〈2020. 6. 10.〉

[별지 제21호서식] 삭제 〈1998.8.11〉

대한민국 법령 시리즈 65

해외건설 촉진법

법 령 / 시 행 령 / 시 행 규 칙

2025년 9월 12일 인쇄 정가 14,000원
2025년 9월 22일 발행

편　　저　편집부
디 자 인　송영미
발 행 인　조준형
발 행 처　해광출판사
http://www.hgbookpub.com
E-mail : munbookcokr@naver.com
주　　소　부산광역시 중구 해관로 41-1 (중앙동2가)
전화번호　(051) 253-0001　팩스 (051) 245-1187
등　　록　제 2012-000005호

해광출판사에서는 여러분의 소중한 원고와 함께 할 기회를 기다리고 있습니다. 책으로 엮을 원고나 아이디어가 있으신 분들은 이메일 munbookcokr@naver.com로 책에 대한 간단한 개요와 원고 전체 또는 일부를 연락처와 함께 보내주십시오.

ISBN 979-11-6881-888-0

※ 법령 출처 : 법제처 국가법령정보센터
※ 본 도서는 〈공공데이터 제공 및 이용 활성화에 관한 법률〉을 근거로 출판되었습니다.

해광출판사 대한민국 법령 시리즈

001. 선원법
002. 어선법
003. 선박직원법
004. 해사안전기본법
005. 해양환경관리법
006. 선박의 입항 및 출항등에 관한 법률
007. 학교안전사고예방 및 보상에 관한 법률
008. 종합부동산세법
009. 방위사업법
010. 행정규제기본법
011. 식품산업진흥법
012. 위험물안전관리법
013. 화재의 예방 및 안전관리에 관한 법률
014. 도시가스사업법
015. 실내공기질관리법
016. 지방세법
017. 소득세법
018. 법인세법
019. 도선법
020. 선박안전법
021. 선박법
022. 수산업법
023. 고압가스안전관리법
024. 국민연금법
025. 공동주택관리법
026. 화학물질관리법
027. 어선원 및 어선 재해보상보험법
028. 장기등 이식에 관한 법률
029. 자연재해대책법
030. 공유재산 및 물품 관리법
031. 산업입지 및 개발에 관한 법률
032. 부정경쟁방지 및 영업비밀보호에 관한 법률
033. 금융지주회사법
034. 온실가스 배출권의 할당 및 거래에 관한 법률
035. 건축사법
036. 산림문화휴양에 관한 법률
037. 전기사업법
038. 사립학교법
039. 고등교육법
040. 액화석유가스의 안전관리 및 사업법
041. 선박투자회사법
042. 수산자원관리법
043. 위험물선박운송및저장규칙
044. 선박평형수관리법
045. 주택임대차보호법
046. 상가건물임대차보호법
047. 지방공기업법
048. 승강기안전관리법
049. 수목원·정원의 조성 및 진흥에 관한 법률
050. 민법
051. 치료감호 등에 관한 법률
052. 대부업 등의 등록 및 금융이용자 보호에 관한 법률
053. 사료관리법
054. 무형문화재 보전 및 진흥에 관한 법률
055. 총포·도검·화약류 등의 안전관리에 관한 법률
056. 경찰관직무집행법
057. 시설물의 안전 및 유지관리에 관한 특별법
058. 수산생물질병 관리법
059. 소비자기본법
060. 국제선박등록법
061. 정보통신망 이용촉진 및 정보보호 등에 관한 법률
062. 해운법
063. 농수산물 품질관리법
064. 수산업협동조합법
065. 해외건설촉진법
066. 수상레저안전법
067. 공무원재해보상법
068. 수상에서의 수색·구조 등에 관한 법률
069. 어촌어항법
070. 항만법
071. 항만운송사업법
072. 해양경비법
073. 해양사고의 조사 및 심판에 관한 법률
074. 외국인근로자의 고용 등에 관한 법률
075. 중소기업기본법
076. 자유무역지역의 지정 및 운영에 관한 법률
077. 대기환경보전법
078. 소음진동관리법
079. 폐기물관리법
080. 하수도법
081. 물환경보전법
082. 토양환경보전법
083. 환경정책기본법
084. 산업재해보상보험법
085. 관세법
086. 노동조합 및 노동관계조정법
087. 근로기준법
088. 군인연금법
089. 먹는물관리법
090. 기술보증기금법
091. 관광진흥법
092. 감염병의 예방 및 관리에 관한 법률
093. 사법경찰관리의 직무를 수행할 자와 그 직무범위에 관한 법률
094. 수의사법
095. 가정폭력방지 및 피해자보호 등에 관한 법률
096. 환경영향평가법
097. 체육시설의 설치 · 이용에 관한 법률
098. 장사 등에 관한 법률
099. 상호저축은행법
100. 은행법
101. 보호관찰 등에 관한 법률
102. 형법
103. 자동차관리법
104. 형사소송법
105. 전자금융거래법
106. 마약류 불법거래 방지에 관한 특례법
107. 도로법
108. 주세법
109. 변리사법
110. 하천법
111. 중소기업진흥에 관한 법률
112. 발달장애인 권리보장 및 지원에 관한 법률
113. 주택법
114. 장애인복지법
115. 농어업경영체 육성 및 지원에 관한 법률
116. 공인중개사법
117. 건강기능식품에 관한 법률
118. 예비군법
119. 개발제한구역의 지정 및 관리에 관한 특별조치법
120. 국유재산법
121. 주차장법
122. 환경기술 및 환경산업 지원법
123. 대기관리권역의 대기환경개선에 관한 특별법
124. 악취방지법
125. 미세먼지 저감 및 관리에 관한 특별법
126. 가축분뇨의 관리 및 이용에 관한 법률
127. 물의 재이용 촉진 및 지원에 관한 법률
128. 물관리기본법
129. 물관리기술 발전 및 물산업 진흥에 관한 법률
130. 자원의 절약과 재활용촉진에 관한 법률
131. 전기 · 전자제품 및 자동차의 자원순환에 관한 법률
132. 건설폐기물의 재활용촉진에 관한 법률
133. 수도권매립지관리공사의 설립 및 운영 등에 관한 법률
134. 폐기물의 국가 간 이동 및 그 처리에 관한 법률
135. 폐기물처리시설 설치촉진 및 주변지역지원 등에 관한 법률
136. 자원순환기본법
137. 잔류성오염물질 관리법
138. 환경분쟁 조정법

해광출판사 대한민국 법령 시리즈

139. 화학물질의 등록 및 평가 등에 관한 법률
140. 환경오염시설의 통합관리에 관한 법률
141. 환경오염피해 배상책임 및 구제에 관한 법률
142. 중소기업제품 구매촉진 및 판로지원에 관한 법률
143. 환경개선비용 부담법
144. 환경분야 시험·검사 등에 관한 법률
145. 환경친화적 산업구조로의 전환촉진에 관한 법률
146. 환경친화적 자동차의 개발 및 보급 촉진에 관한 법률
147. 환경범죄 등의 단속 및 가중처벌에 관한 법률
148. 생명윤리 및 안전에 관한 법률
149. 장애인차별금지 및 권리구제 등에 관한 법률
150. 부동산투자회사법
151. 정치자금법
152. 과학기술기본법
153. 대리점거래의 공정화에 관한 법률
154. 상속세 및 증여세법
155. 학원의 설립 · 운영 및 과외교습에 관한 법률
156. 해양심층수의 개발 및 관리에 관한 법률
157. 전기용품 및 생활용품 안전관리법
158. 사회기반시설에 대한 민간투자법
159. 공직선거법
160. 정당법
161. 유류오염손해배상 보장법
162. 부정청탁 및 금품등 수수의 금지에 관한 법률
163. 항로표지법
164. 어장관리법
165. 민방위기본법
166. 공직자윤리법
167. 선거관리위원회법
168. 유선 및 도선 사업법
169. 전기공사업법
170. 사회복지사업법
171. 택지개발촉진법
172. 국가공무원법
173. 민간임대주택에 관한 특별법
174. 어음법·수표법
175. 민사집행법
176. 상법
177. 문화예술진흥법
178. 중소기업협동조합법
179. 농업협동조합법
180. 도로교통법
181. 의료사고 피해구제 및 의료분쟁 조정 등에 관한 법률
182. 산림보호법
183. 소년법
184. 동물보호법
185. 건축물관리법
186. 도시개발법
187. 화물자동차 운수사업법
188. 도시 및 주거환경정비법
189. 의료법
190. 국회법
191. 응급의료에 관한 법률
192. 출입국관리법
193. 노인복지법
194. 산림자원의 조성 및 관리에 관한 법률
195. 청소년 보호법
196. 초 · 중등교육법
197. 혁신도시 조성 및 발전에 관한 특별법
198. 경제자유구역의 지정 및 운영에 관한 특별법
199. 공공기관의 운영에 관한 법률
200. 대한민국헌법
201. 국민기초생활 보장법
202. 저작권법
203. 가사소송법
204. 국가유공자 등 예우 및 지원에 관한 법률
205. 국민체육진흥법
206. 전통주 등의 산업진흥에 관한 법률
207. 재난 및 안전관리 기본법
208. 정보통신공사업법
209. 주식회사 등의 외부감사에 관한 법률
210. 공익사업을 위한 토지 등의 취득 및 보상에 관한 법률
211. 개인정보 보호법
212. 국세기본법
213. 에너지이용 합리화법
214. 감정평가 및 감정평가사에 관한 법률
215. 국가인권위원회법
216. 가맹사업거래의 공정화에 관한 법률
217. 보건의료기본법
218. 산업안전보건법
219. 법무사법
220. 교육공무원법
221. 특허법
222. 민사소송법
223. 아동복지법
224. 전파법
225. 하도급거래 공정화에 관한 법률
226. 기초연금법
227. 사립학교교직원 연금법
228. 직업안정법
229. 장애아동 복지지원법
230. 부동산등기법
231. 자동차손해배상 보장법
232. 철도안전법
233. 항공안전법
234. 전자상거래 등에서의 소비자보호에 관한 법률
235. 독점규제 및 공정거래에 관한 법률
236. 상표법
237. 채무자 회생 및 파산에 관한 법률
238. 공무원연금법
239. 축산법
240. 근로복지기본법
241. 민원 처리에 관한 법률
242. 약사법
243. 방문판매 등에 관한 법률
244. 건축기본법
245. 지방세기본법
246. 지방세징수법
247. 지방자치법
248. 도시교통정비 촉진법
249. 공공주택 특별법
250. 국세징수법
251. 공인노무사법
252. 중대재해 처벌 등에 관한 법률
253. 외무공무원법
254. 소방시설공사업법
255. 검역법
256. 공중위생관리법
257. 할부거래에 관한 법률
258. 인터넷 멀티미디어 방송사업법
259. 전기통신사업법
260. 제품안전기본법
261. 철도사업법
262. 어린이제품 안전 특별법
263. 영유아보육법
264. 원자력안전법
265. 보험업법
266. 경비업법
267. 교통안전법
268. 세무사법
269. 관세사법
270. 공인회계사법
271. 지방공무원법
272. 고용정책 기본법
273. 국가경찰과 자치경찰의 조직 및 운영에 관한 법률
274. 협동조합 기본법
275. 재해구호법
276. 환경보건법

해광출판사 대한민국 법령 시리즈

277. 자살예방 및 생명존중문화 조성을 위한 법률
278. 소방산업의 진흥에 관한 법률
279. 소방기본법
280. 비송사건절차법
281. 자연환경보전법
282. 변호사법
283. 기업구조조정투자회사법
284. 전기통신기본법
285. 에너지법
286. 해양생태계의 보전 및 관리에 관한 법률
287. 사회보장기본법
288. 통신비밀보호법
289. 공증인법
290. 물류시설의 개발 및 운영에 관한 법률
291. 청소년활동 진흥법
292. 형의 집행 및 수용자의 처우에 관한 법률
293. 도시공원 및 녹지 등에 관한 법률
294. 태권도 진흥 및 태권도공원 조성 등에 관한 법률
295. 녹색건축물 조성 지원법
296. 우편법
297. 예금자보호법
298. 건설산업기본법
299. 금융회사의 지배구조에 관한 법률
300. 장애인활동 지원에 관한 법률
301. 언론중재 및 피해구제 등에 관한 법률
302. 국가재정법
303. 농지법
304. 게임산업진흥에 관한 법률
305. 정신건강증진 및 정신질환자 복지서비스 지원에 관한 법률
306. 디자인보호법
307. 의료기사 등에 관한 법률
308. 스마트도시 조성 및 산업진흥 등에 관한 법률
309. 내수면어업법
310. 한국주택금융공사법
311. 의료기기법
312. 유통산업발전법
313. 전통시장 및 상점가 육성을 위한 특별법
314. 여신전문금융업법
315. 해외자원개발 사업법
316. 산업교육진흥 및 산학연협력촉진에 관한 법률
317. 빈집 및 소규모주택 정비에 관한 특례법
318. 기업도시개발 특별법
319. 전력기술관리법
320. 국토기본법
321. 지하수법
322. 식품위생법
323. 광업법
324. 호스피스·완화의료 및 임종과정에 있는 환자의 연명의료결정에 관한 법률
325. 주식·사채 등의 전자등록에 관한 법률
326. 표시·광고의 공정화에 관한 법률
327. 골재채취법
328. 국민건강증진법
329. 새마을금고법
330. 여객자동차 운수사업법
331. 마리나항만의 조성 및 관리 등에 관한 법률
332. 한부모가족지원법
333. 국가를 당사자로 하는 계약에 관한 법률
334. 지방자치단체를 당사자로 하는 계약에 관한 법률
335. 축산물 위생관리법
336. 병역법
337. 음악산업진흥에 관한 법률
338. 국가균형발전 특별법
339. 첨단재생의료 및 첨단바이오의약품 안전 및 지원에 관한 법률
340. 공간정보의 구축 및 관리 등에 관한 법률
341. 공유수면 관리 및 매립에 관한 법률
342. 농수산물 유통 및 가격안정에 관한 법률
343. 아시아문화중심도시 조성에 관한 특별법
344. 신탁법
345. 자연공원법
346. 생활화학제품 및 살생물제의 안전관리에 관한 법률
347. 군인사법
348. 국제조세조정에 관한 법률
349. 낙동강수계 물관리 및 주민지원 등에 관한 법률
350. 주민등록법
351. 집합건물의 소유 및 관리에 관한 법률
352. 집단에너지사업법
353. 산림조합법
354. 반도체집적회로의 배치설계에 관한 법률
355. 자본시장과 금융투자업에 관한 법률
356. 담보부사채신탁법
357. 근로자퇴직급여 보장법
358. 국제과학비즈니스벨트 조성 및 지원에 관한 특별법
359. 수도법
360. 식품 등의 표시·광고에 관한 법률
361. 약관의 규제에 관한 법률
362. 인삼산업법
363. 종자산업법
364. 항공사업법
365. 건설기계관리법
366. 군형법
367. 궤도운송법
368. 기술의 이전 및 사업화 촉진에 관한 법률
369. 농수산물의 원산지 표시 등에 관한 법률
370. 담배사업법
371. 석유 및 석유대체연료 사업법
372. 가축전염병 예방법
373. 농어촌정비법
374. 식물신품종 보호법
375. 항공보안법
376. 중소기업창업 지원법
377. 군사법원법
378. 우주개발 진흥법
379. 해저광물자원 개발법
380. 산림복지 진흥에 관한 법률
381. 지능형 로봇 개발 및 보급 촉진법
382. 헌법재판소법
383. 옥외광고물 등의 관리와 옥외광고산업 진흥에 관한 법률
384. 혈액관리법
385. 국제항해선박 등에 대한 해적행위 피해예방에 관한 법률
386. 유료도로법
387. 독립유공자예우에 관한 법률
388. 신에너지 및 재생에너지 개발·이용·보급 촉진법
389. 신용정보의 이용 및 보호에 관한 법률
390. 출판문화산업 진흥법
391. 공항시설법
392. 국민 평생 직업능력 개발법
393. 아동·청소년의 성보호에 관한 법률
394. 방송법쉬
395. 신용보증기금법
396. 화장품법
397. 청소년 기본법
398. 인터넷주소자원에 관한 법률
399. 양곡관리법
400. 도로명주소법
401. 전자문서 및 전자거래 기본법
402. 산업기술의 유출방지 및 보호에 관한 법률
403. 국가기술자격법
404. 양식산업발전법
405. 산업기술혁신 촉진법
406. 새만금사업 추진 및 지원에 관한 특별법
407. 전자정부법
408. 지역 개발 및 지원에 관한 법률
409. 한국농어촌공사 및 농지관리기금법
410. 계량에 관한 법률
411. 기업활동 규제완화에 관한 특별조치법
412. 군에서의 형의 집행 및 군수용자의 처우에 관한 법률

해광출판사 대한민국 법령 시리즈

413. 규제자유특구 및 지역특화발전특구에 관한 규제특례법
414. 금융위원회의 설치 등에 관한 법률
415. 남녀고용평등과 일ㆍ가정 양립 지원에 관한 법률
416. 농어업인 삶의 질 향상 및 농어촌지역 개발촉진에 관한 특별법
417. 댐건설ㆍ관리 및 주변지역지원 등에 관한 법률
418. 국가유산수리 등에 관한 법률
419. 법원조직법
420. 보훈보상대상자 지원에 관한 법률
421. 부패방지 및 국민권익위원회의 설치와 운영에 관한 법률
422. 과학기술분야 정부출연연구기관 등의 설립ㆍ운영 및 육성에 관한 법률
423. 연구개발특구의 육성에 관한 특별법
424. 친환경농어업 육성 및 유기식품 등의 관리ㆍ지원에 관한 법률
425. 연안관리법
426. 영화 및 비디오물의 진흥에 관한 법률
427. 신용협동조합법
428. 방송통신발전 기본법
429. 범죄피해자 보호법
430. 가축 및 축산물 이력관리에 관한 법률
431. 국가표준기본법
432. 국가통합교통체계효율화법
433. 범죄인 인도법
434. 국가과학기술 경쟁력 강화를 위한 이공계지원 특별법
435. 국제경기대회 지원법
436. 금융혁신지원 특별법
437. 수자원의 조사ㆍ계획 및 관리에 관한 법률
438. 축산자조금의 조성 및 운용에 관한 법률
439. 소방시설 설치 및 관리에 관한 법률
440. 양성평등기본법
441. 축산계열화사업에 관한 법률
442. 수입식품안전관리 특별법
443. 대외무역법
444. 국가연구개발사업 등의 성과평가 및 성과관리에 관한 법률
445. 무역보험법
446. 기술사법
447. 광산안전법
448. 농약관리법
449. 농업ㆍ농촌 및 식품산업 기본법
450. 문화산업진흥 기본법
451. 부담금관리 기본법
452. 야생생물 보호 및 관리에 관한 법률
453. 한국은행법
454. 별정우체국법
455. 원양산업발전법
456. 콘텐츠산업 진흥법
457. 한국수출입은행법
458. 외국인투자 촉진법
459. 물류정책기본법
460. 전자서명법
461. 산업발전법
462. 산업표준화법
463. 소프트웨어 진흥법
464. 토지이용규제 기본법
465. 해수욕장의 이용 및 관리에 관한 법률
466. 정보통신 진흥 및 융합 활성화 등에 관한 특별법
467. 정보통신산업 진흥법
468. 지진ㆍ화산재해대책법
469. 소금산업진흥법
470. 위치정보의 보호 및 이용 등에 관한 법률
471. 외국법자문사법
472. 이러닝(전자학습)산업 발전 및 이러닝 활용 촉진에 관한 법률
473. 암관리법
474. 실용신안법
475. 가족관계의 등록 등에 관한 법률
476. 무인도서의 보전 및 관리에 관한 법률
477. 감사원법
478. 정보보호산업의 진흥에 관한 법률
479. 결혼중개업의 관리에 관한 법률
480. 공익신고자 보호법
481. 박물관 및 미술관 진흥법
482. 낚시 관리 및 육성법
483. 동산ㆍ채권 등의 담보에 관한 법률
484. 임금채권보장법
485. 국민투표법
486. 농림수산업자 신용보증법
487. 국가채권 관리법
488. 중소기업은행법
489. 식품안전기본법
490. 외국환거래법
491. 발명진흥법
492. 건설기술 진흥법
493. 기후위기 대응을 위한 탄소중립ㆍ녹색성장 기본법
494. 인체조직안전 및 관리 등에 관한 법률
495. 엔지니어링산업 진흥법
496. 신문 등의 진흥에 관한 법률
497. 식물방역법
498. 석탄산업법
499. 산업융합 촉진법
500. 비료관리법
501. 임업 및 산촌 진흥촉진에 관한 법률
502. 복권 및 복권기금법
503. 대규모유통업에서의 거래 공정화에 관한 법률
504. 뉴스통신 진흥에 관한 법률
505. 지능정보화 기본법
506. 자격기본법
507. 중소기업 기술혁신 촉진법
508. 국가공간정보 기본법
509. 농어업재해대책법
510. 방송광고판매대행 등에 관한 법률
511. 지식재산 기본법
512. 초고층 및 지하연계 복합건축물 재난관리에 관한 특별법
513. 해양 조사와 해양정보 활용에 관한 법률
514. 공간정보산업 진흥법
515. 공공기관의 정보공개에 관한 법률
516. 행정기본법
517. 해상교통안전법
518. 농어업재해보험법
519. 문화유산의 보존 및 활용에 관한 법률
520. 자연유산의 보존 및 활용에 관한 법률
521. 국토의 계획 및 이용에 관한 법률
522. 건축법
523. 국민건강보험법
524. 계엄법
525. 환경친화적 선박의 개발 및 보급 촉진에 관한 법률
526. 해양폐기물 및 해양오염퇴적물 관리법
527. 연안사고 예방에 관한 법률
528. 전기안전관리법
529. 의약품 등의 안전에 관한 규칙
530. 공공보건의료에 관한 법률
531. 군보건의료에 관한 법률
532. 농어촌 등 보건의료를 위한 특별조치법
533. 보호소년 등의 처우에 관한 법률
534. 국가를 당사자로 하는 소송에 관한 법률
535. 간호법
536. 국립묘지의 설치 및 운영에 관한 법률
537. 주류 면허 등에 관한 법률
538. 부가가치세법
539. 자율운항선박 개발 및 상용화 촉진에 관한 법률

*** 해광출판사의 법령 시리즈는 계속 발행 됩니다.**
**** 각 도서의 개정판은 인쇄일을 기준으로 제작 되었습니다.**